工业和信息化
人才培养规划教材

Industry And Information
Technology Training
Planning Materials

高职高专计算机系列

Java 程序设计
项目式教程

Java Programming Tutorial

栾咏红 ◎ 主编

伊雯雯 张伟华 严春风 ◎ 副主编

吴俊（企业）◎ 参编

U0313730

人民邮电出版社

北 京

图书在版编目（CIP）数据

Java程序设计项目式教程 / 栾咏红主编. -- 北京：
人民邮电出版社，2014.12（2021.2重印）
工业和信息化人才培养规划教材. 高职高专计算机系
列
ISBN 978-7-115-37561-2

Ⅰ. ①J… Ⅱ. ①栾… Ⅲ. ①JAVA语言－程序设计－
高等职业教育－教材 Ⅳ. ①TP312

中国版本图书馆CIP数据核字(2014)第275577号

内 容 提 要

本书主要以针对初入职场的程序员成长所应具备的能力培养为主线，介绍搭建 Java 开发环境、流程功能设计、面向对象程序设计、图形用户界面设计、面向对象的数据信息处理、项目综合高级开发、项目打包与部署等知识和方法。本书可帮助读者掌握开发环境的搭建和流程功能的设计，学会用面向对象的思路分析设计类与对象，运用封装保证数据的安全性，使用集合框架实现数据的存储与处理，使用继承与接口优化程序，提供代码的复用，Java 异常处理等知识。

本书可作为高职高专院校计算机及相关专业的教材，也可以作为 Java 开发基础培训和自学的教材。

◆ 主　　编　栾咏红
　　副 主 编　伊雯雯　张伟华　严春风
　　参　　编　吴　俊（企业）
　　责任编辑　桑　珊
　　责任印制　杨林杰

◆ 人民邮电出版社出版发行　北京市丰台区成寿寺路 11 号
　　邮编　100164　电子邮件　315@ptpress.com.cn
　　网址　http://www.ptpress.com.cn
　　固安县铭成印刷有限公司印刷

◆ 开本：787×1092　1/16
　　印张：17　　　　　　2014 年 12 月第 1 版
　　字数：452 千字　　　2021 年 2 月河北第 10 次印刷

定价：39.80 元

读者服务热线：(010)81055256　印装质量热线：(010)81055316
反盗版热线：(010)81055315

前　言

近年来，移动互联网迅速崛起发展，智能终端操作系统格局不断演化，Android 技术逐步占据主导地位。Java 语言不仅是 Web 开发的主流技术，在移动互联网应用领域中，Java 语言也逐步成为移动应用开发的主流技术。Java 是面向对象程序设计语言的代表，相比 C++，更全面地体现了面向对象的思想。因此，全国各地应用型本科及高职高专都开设了 Java 程序设计或 Java 技术的相关课程。

本书是以华东师范大学匡英博士指导的课程项目设计建设为背景编写的，主要以培养读者面向对象编程的基本能力为宗旨，结合作者长期从事 Java 教学与企业项目实践的经验，以初入职场的程序员成长过程所应具备的能力为主线，打破知识体系的结构，以项目任务开发不断完善的过程引入并展开教学内容。本书主要帮助初学者建立面向对象的编程理念，培养面向对象的编程能力，为进一步学习后续知识打下坚实的基础。本书也是苏州工业职业技术学院省级示范性高职院校建设三级项目研究成果之一。

本书参考学时为 64 学时，其中实践环节为 24～28 学时。本书以 Eclipse 为开发平台，将Java 基本的编程精髓分成 7 个项目。为了方便学习，本书配有相关的 PPT 课件、项目任务和示例中的源代码，读者可登录人民邮电出版社教学服务与资源网免费下载使用。

本书各项目内容及建议学时分配如下。

项目一主要介绍编程人员搭建开发环境、配置环境变量的方法以及 Java 项目工程的组成。建议教学可安排为 2～4 学时。

项目二基于控制台程序开发，介绍流程功能设计，包括 Java 的基本数据类型与变量、3种流程控制语句、数组与字符串、方法的定义、类与对象的基本概念等。建议教学可安排为10～14 学时。

项目三是面向对象设计的基础，介绍面向对象编程思路、类与对象的应用、方法的应用，以及面向对象的三大特征：封装、继承和多态的应用。建议教学可安排为 12～14 学时。

项目四主题为图形用户界面设计，包括 swing 的 GUI 编程以及各组件的使用和 Java 事件处理机制的使用。建议教学可安排为 10～12 学时。

项目五介绍面向对象的数据信息处理，重点是面向对象的具体应用，包括数据存储与处理使用的集合框架，以及使用继承与接口优化程序。建议教学可安排为 10～12 学时。

项目六是项目综合高级开发，主要介绍 Java 异常处理、JBDC 事务处理、使用 JBDC 访问数据库的步骤等。建议教学可安排为 6～8 学时。

项目七是项目部署与打包，简单介绍 Eclipse 中 Java 项目部署与打包的步骤。

本书由栾咏红担任主编，项目一～项目三由栾咏红、严春风编写，项目四由栾咏红、张伟华编写，项目五～项目七由伊雯雯编写。本书技术指导由苏州海之星软件公司吴俊项目经理担任，他提出了很多宝贵的修改意见，在此表示诚挚的感谢！感谢芮文艳设计的图标。在本书的编写过程中，作者参考了大量的资料，吸取了同仁的经验，得到系部领导何福男、罗颖和同事的大力支持，在此表达诚挚谢意。

由于作者水平有限，书中难免存在错误和不妥之处，敬请广大读者批评指正。

编　者
2014 年 8 月

目　录　CONTENTS

PART 1

项目一
Java 开发环境的搭建

学习目标

- 最终目标:
  - ✧ 能使用 Eclipse 创建 Java 项目程序。
- 促成目标:
  - ✧ 能正确安装 Java 开发工具。
  - ✧ 能配置环境变量。
  - ✧ 能编写规范的 Java 源程序。
  - ✧ 能使用控制台输出信息。

工作任务

任务名称	任务描述
任务 1.1 开发工具的安装与配置	下载安装 JDK 并配置环境变量,使用 Eclipse 环境编写并运行简单程序,测试安装环境
任务 1.2 Java 项目工程的创建	在 Eclipse 中创建一个 Java 项目工程,编写程序,调用 System.out.println()方法实现命令行信息输出,编译运行,掌握简单调试与排错技术,熟悉 Java 源程序的框架与 Java 编程基本规范

任务 1.1 开发工具的安装与配置

任务目标

1. 能熟练下载 JDK 与 Eclipse 开发工具。
2. 熟练安装 JDK 软件。
3. 能正确设置 Java 环境变量。

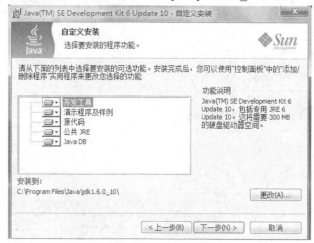

任务分析

安装、调试下载的 JDK 软件，配置环境变量，最终可以运行 Java 程序。

实现过程

步骤一 下载 JDK 与 Eclipse 软件（略）。

步骤二 双击 JDK6 安装文件 "jdk-6u10-rc2-bin-b32-windows-i586-p-12_sep_2008.rar" 进入安装页面，按照向导提示单击【下一步】按钮进行安装。在安装过程中，建议将安装路径由默认路径改成 C:\Program Files\Java\Jdk1.6.0_10\，以方便今后项目开发的设置，如图 1.1 所示。单击【更改】按钮，将安装路径由默认路径改成 C:\java\jdk1.6.0_10\，如图 1.2 所示。

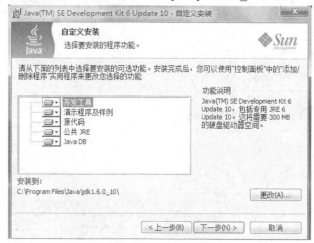

图 1.1　JDK 安装过程

图 1.2　更改 JDK 安装路径

下一步安装 JRE（Java Runtime Environment）时，修改默认路径为 c:\java\jre6\，如图 1.3 所示。

图 1.3　更改 JRE 安装路径

设置运行环境参数：在 Windows7 环境下右击【计算机】，选择【属性】命令，打开【系统属性】对话框，选择【高级属性设置】选项，如图 1.4 所示。单击【环境变量】按钮，如图 1.5 所示。

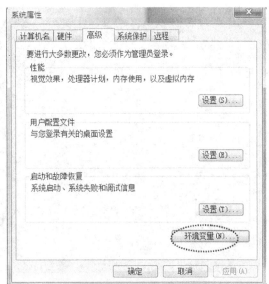

图 1.4　设置系统环境变量

图 1.5　系统环境变量编辑与创建

配置系统变量。

（1）新建 JAVA_HOME，变量值是 "C:\java\jdkl.6.0_23"，该环境变量的值就是 JDK 所在的目录（JDK 的安装路径）。

（2）新建 CLASSPATH，变量值是 ".　;%JAVA_HOME%\lib\dt.jar;%JAVA_HOME%\lib\tools.jar;"，用于搜索 Java 编译或者运行时需要用到的类。

（3）编辑修改 Path 变量值，添加 "；%JAVA_HOME%\bin；"(变量值中如果有内容，就用;隔开)。

　　步骤三　测试 JDK 是否安装成功。在命令行窗口下，直接输入 Javac 命令，按回车，检查环境变量设置是否成功，如果成功，显示如图 1.6 所示的信息。

图 1.6　javac 命令的相关使用语法

　　步骤四　安装 Eclipse 软件。直接将 "eclipse-java-indigo-SR1-win32" 文件解压到指定目录即可。

技术要点

1. Java 开发工具

JDK(Java Development Kit)是整个 Java 的核心，包括了 Java 运行环境，Java 工具和 Java 基础的类库。JDK 的常用基本组件如表 1-1 所示。

表 1-1　JDK 的常用基本组件

基本组件	中文含义	作用
javac	编译器	将源程序编译成字节码
java	解释器	运行编译后的 Java 程序（.class 后缀的）
jar	打包工具	将相关的类文件打包成一个文件
javadoc	文档生成器	从源码注释中提取文档
appletviewer	小程序浏览器	一种执行 HTML 文件上的 Java 小程序的 Java 浏览器

2. Eclipse 开发平台

Eclipse 是一个开源的、基于 Java 的可扩展开发平台。就其本身而言，它只是一个框架和一组服务，是跨平台的自由集成开发环境（IDE），用于通过插件构建开发环境。基本内核包括：图形 API（SWT/JFace）、Java 开发环境插件（JDT）、插件开发环境（PDE）等。

3. 环境变量

环境变量一般是指在操作系统中用来指定操作系统运行环境的一些参数，如临时文件夹位置和系统文件夹位置等。例如，Path 就是一个变量，里面存储了一些常用命令所存放的目录路径。当要求系统运行一个程序而没有告诉它程序所在的完整路径时，系统除了在当前目录下寻找此程序外，还应到哪些目录下去寻找，这时 Path 变量值就起到了指明目录路径的作用。

拓展学习

在搭建 Java 开发环境项目任务中需要熟悉的英文专业术语如表 1-2 所示。

表 1-2　英文专业术语

缩略词	英文全称	中文含义
IDE	Integrated Developmen Environment	集成开发环境
JDK	Java Development Kit	Java 开发工具箱
JRE	JavaRuntime Environment	Java 运行环境
JVM	Java Virtual Machine	Java 虚拟机
API	Application Programming Interface	应用程序编程接口
	Eclipse	开源集成开发环境
	Workspace	工作空间

1.1 Java 概述

Java 是 Sun Microsystems 于 1995 年推出的一种高级编程语言，Java 名字来源于印度尼西亚爪哇岛的英文名称，因盛产咖啡而闻名。

1.1.1 Java 语言概述

1. Java 语言的发展

1996 年 1 月发布了 JDK1.0，包括运行环境（即 JRE）和开发环境（即 JDK）两部分。运行环境包括核心 API、集成 API、用户界面 API、发布技术、Java 虚拟机（JVM）5 个部分。开发环境包括 Java 程序编译器（即 Javac）。1998 年 Sun 公司发布了 JSP/Servlet、EJB 规范，并将 Java 分成了 J2EE、J2SE、J2ME。2005 年 6 月 Sun 公司公开 Java SE 6。此时，Java 的各种版本已经更名，以取消其中的数字"2"：J2EE 更名为 Java EE，J2SE 更名为 Java SE，J2ME 更名为 Java ME。2009 年 04 月 20 日，甲骨文收购 Sun，取得 Java 的版权。2010 年 9 月，JDK7.0 发布。

2. Java 语言的特点

Sun 的"Java 白皮书"对 Java 做了如下定义：Java 是一种简单的、面向对象的、分布式的、解释执行的、健壮的、安全的、结构中立的、可移植的、高效率的、多线程的和动态的语言。

（1）简单。

Java 是一种简单的语言。Java 在 C、C++的基础上开发，继承了 C 和 C++的许多特性，同时也取消 C 和 C++语言中繁琐的、难以理解的、不安全的内容，如指针、多重继承等。JDK 提供了丰富的基础类库。

（2）面向对象。

Java 是一种纯面向对象的语言。面向对象设计就是将待解决的现实问题转换成一组分离的程序对象，这些对象彼此之间可以交互。一个对象包含了对应实体应有的信息以及访问和改变这些信息的方法。通过这种设计方式设计出来的程序更易于改进、扩展、维护和重用。Java 语言提供类、接口和继承，支持类之间的单继承、接口之间的多继承和类与接口间的实现机制，全面支持动态绑定。

（3）分布式。

Java 是一种分布式的语言。Java 采用 Java 虚拟机架构，可将许多工作直接交由终端处理，数据可以被分布式处理。Java 类库包含了支持 HTTP 和 FTP 等基于 TCP/IP 协议的子库。因而，Java 类库的运用，大大减轻了网络传输的负荷。

（4）平台无关性、可移植。

Java 程序在编译时并不直接编译成特定的机器语言程序，而是编译成与系统无关的 Java 字节码文件，由 Java 虚拟机（Java Virtual Machine，JVM）来执行。JVM 使得 Java 程序可以"一次编译，随处运行"。因而，"高效且跨平台"是 Java 的一大特点。

（5）健壮性。

Java 提供垃圾收集器，可自动收集闲置对象占用的内存，通过自行管理内存分配和释放的方法，从根本上消除了有关内存的问题。

（6）安全性。

Java 提供了一系列的安全机制以防恶意代码攻击，确保系统安全。Java 的安全机制分为多级，包括 Java 语言本身的安全性设计以及严格的编译检查、运行检查和网络接口级的安全检查。

（7）多线程。

Java 是支持多线程的语言。Java 实现了多线程技术，提供了一些简便地实现多线程的方法，并拥有一套高复杂性的同步机制。多线程是一种应用程序设计方法，线程是从大进程里分出来的、小的、独立的进程，使得在一个程序里可同时执行多个小任务。多线程带来的好处是具有更好的交互性能和实时控制性能。但采用传统的程序设计语言（如 C/C++）实现多线程非常困难。

（8）动态性。

Java 语言具有动态特性。Java 动态特性是其面向对象设计方法的扩展，允许程序动态地装入运行过程中所需的类，这是 C++进行面向对象程序设计无法实现的。

1.1.2　Java 应用平台

1．Java SE 平台

该平台是各应用平台的基础。Java SE 分为 4 个主要部分：JVM、JRE、JDK 和 Java 语言。JVM 包含在 Java 运行环境（Java Runtime Environment，JRE）中，JDK（Java SE Development Kits）包括以及开发过程中所需要的一些工具程序，如 javac、java、appletviewer 等。因而，要开发运行 Java 程序，必须安装 JDK 与 JRE。Java 语言只是 Java SE 的一部分。Java 最重要就是提供了庞大且功能强大的 API 类库，如字符串处理、数据输入输出、网络组件、用户图形接口等功能。

2．Java EE 平台

该平台是以 Java SE 为基础，是一套技术架构，包含许多组件，定义了一系列的服务、API、协议等，为运用 Java 技术开发服务器端应用提供一个平台独立的、可移植的、多用户的、安全的和基于标准的企业级平台，按照 J2EE 规范分别开发不同的 J2EE 应用服务器。

3．Java ME 平台

该平台是 Java 的一个组成部分，是一种高度优化的 Java 运行环境，目的是作为小型数字设备上开发及部署应用程序的平台，如消费型电子产品或嵌入式系统等。

1.1.3　Java 应用领域

Java 语言在应用领域占有较大优势，具体体现在以下几个方面。

（1）开发桌面应用程序，如银行软件、商场结算软件等。

（2）开发 Web 应用程序，如门户网站（工商银行）、网上商城、电子商务网站等。

（3）开发移动应用程序，如手机应用程序的开发（Java ME），或基于 Android 手机开发。

（4）开发嵌入式应用程序，如机顶盒、嵌入式芯片、Kindle 等消费类电子设备。

提示　　　Java SE 是指平台名称，JDK6 是基于平台的程序开发工具集发行版本，全称为 Java SE Development Kit 6。JRE6 是基于平台的执行环境发行版本，全称为 Java SE Runtime Environment 6。

1.1.4　Java 的工作原理

Java 是一种跨平台的语言，可以运行在不同平台的计算机上。Java 的工作流程如图 1.7 所示。首先创建源程序，Java 源程序可以用任何文本编辑器创建与编辑，源程序完成后，使用 Java 编译器，即"Javac"，读取 Java 源程序并翻译成 Java 虚拟机能够明白的指令集合，即 Java 字节码文件。Java 解释器，即"Java"，读取字节码，取出指令并翻译成计算机能执行的代码，完成运行过程。由于字节码运行的平台是 Java 虚拟机，只要计算机上安装有 Java 虚拟机，不论采用哪种操作系统，硬件配置如何不同，运行的结果都一样。

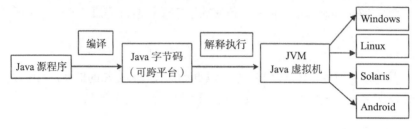

图 1.7　Java 程序运行流程

技能训练

下载 JDK 与 Eclipse 软件，练习 Java 环境变量的配置过程，在个人计算机上完成环境搭建。

任务 1.2　Java 项目工程的创建

任务目标

1. 熟悉使用 Eclipse 开发 Java 程序的步骤。
2. 理解 Java 程序框架与编程规范。
3. 学会从控制台实现单行信息输出的方法，最终迁移到多行信息输出方法的实现。

任务分析

本任务主要是使学生学会使用 Eclipse 编写简单的 Java 应用程序，即基于命令行的 Java 应用程序，并掌握简单调试与排错技术。首先启动 Eclipse，创建或选择工作空间，然后尝试创建一个 Java 项目，再创建 Java 源程序(即类)，最后编译运行 Java 源程序。在编译运行过程中学会简单的代码排错技巧，掌握 Java 输出方法。

实现过程

第一步，启动 Eclipse，首次会弹出创建或选择工作空间界面，如图 1.8 所示。Workspace（工作空间）指出 Eclipse 开发项目的工作目录，以后创建的项目都保存在这个工作目录中。

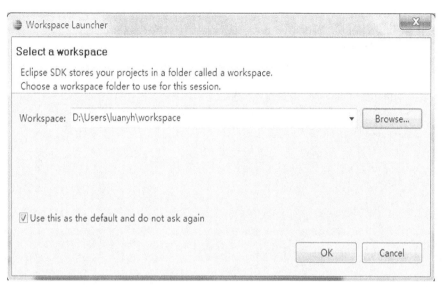

图 1.8 工作空间的创建或选择

单击【Browse】按钮可以更改工作目录，然后单击【OK】按钮进入 Eclipse 界面。

第二步，创建项目工程。单击 File| New| Project 命令进入创建 Java 项目工程的界面，输入项目工程名 superMartManager，如图 1.9 所示，单击【Finish】按钮完成。

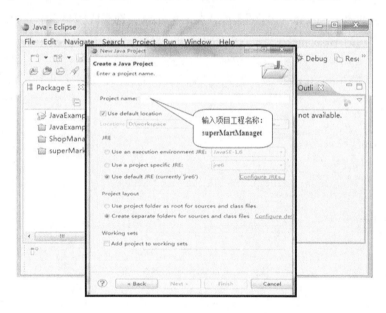

图 1.9 创建 Java 项目工程

第三步，创建包。在 Package Explorer 视图区域，右击项目工程 super Market Manager，选择快捷菜单中的 New|Package 命令，创建包，包名为 view，如图 1.10 所示。

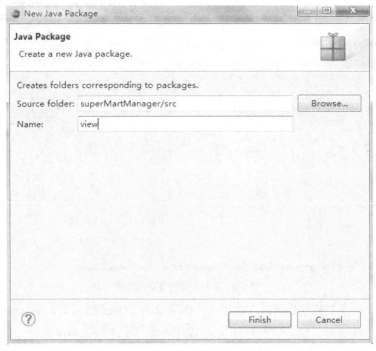

图 1.10　创建包

第四步，在 Package Explorer 视图区域，右击包 view，选择快捷菜单中的 New|Calss 命令，创建类，指定类名为 WelcomeUI，如图 1.11 所示。

图 1.11　指定类名

单击【Finsh】按钮，可以进入主界面录入程序。系统已经创建好类的框架，如图 1.12 所示。

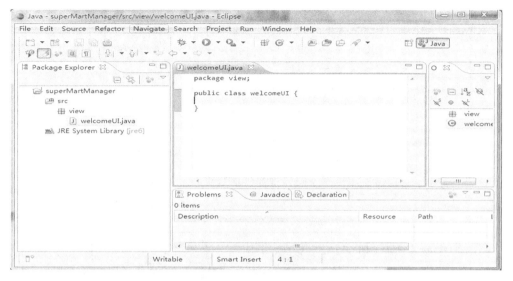

图 1.12　程序录入界面

第五步，录入 WelcomeUI.java 源程序，单击 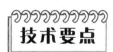 按钮，选择 Run As→Java Application 命令运行 Java 程序，如图 1.13 所示。

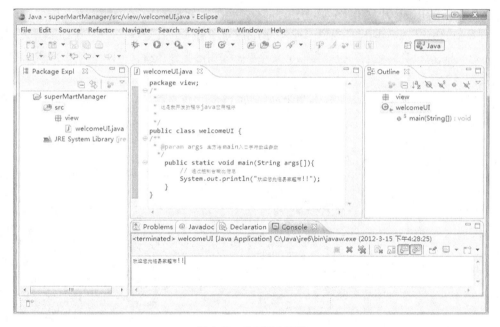

图 1.13　执行录入程序

技术要点

1. Eclipse 界面

Eclipse 界面如图 1.14 所示。

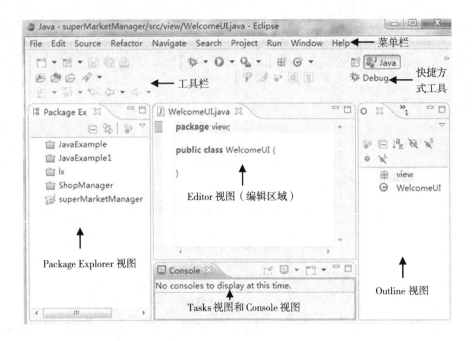

图 1.14　Eclipse 界面

2. 使用 Eclipse 开发 Java 源程序

　　首先创建一个 Java 项目，项目工程名为 superMartManager；然后创建一个 Java 包，包名为 view，用以解决类同名的冲突。类似于文件夹，如树形文件系统，可以使用目录解决文件同名冲突问题。

　　手动创建 Java 源程序，源文件名为 WelcomeUI.java，该文件名与类名完全相同，录入源代码，最后编译运行 Java 源程序。

　　（1）源程序。

```
1  Package  view
2
3  public class WelcomeUI {
4
5    /**
6     *    @param args 主方法 main 入口字符数组参数
7    * */
8
9    public static void main(String args[]){
10       // 通过控制台输出信息
11    System.out.println("欢迎您光临易家超市!!");
12    }
13  }
```

　　（2）程序运行结果。

　　程序编译运行后，在 Console 视图中的输出如图 1.15 所示。

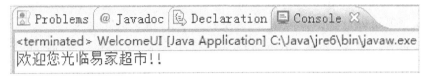

图 1.15 WelcomeUI.java 程序的运行结果

（3）程序解释说明。

① 源程序与类名、包名。

源程序 WelcomeUI.java 中只有一个类：WelcomeUI。其中第 3 行～第 13 行是 WelcomeUI 类的定义，这是一个应用程序类，该类用 public 修饰，Java 中源程序的文件名必须与 public 修饰的类的类名一致。程序中第 1 行是一个 view 包的声明。

② main() 方法说明

程序中第 9 行～第 12 行定义了名字为 main 的主方法，该方法由 Java 虚拟机自动调用，是应用程序执行的入口点，即当运行一个 Java 应用程序时，Java 虚拟机将从 main 方法中的第 1 行代码开始执行，直到执行完 main 方法中的所有代码。

每一个 Java 应用程序都要有一个 public static void main(String args[]){ } 方法。main 方法中的四要素必不可少，如 public 是表明所有的类都可以使用这一方法；static（静态的）指明该方法是一个静态方法（静态方法在后续任务中说明）；void 指明 main() 方法不返回任何值；圆括号中 String[ ]args 说明了传递给 main() 方法的参数是 String 类型的数组。

③ 方法调用——System.out.println 说明。

程序中第 11 行代码以分号结尾，称为一条语句。System.out.println("欢迎您光临易家超市!!");是一个方法调用语句，它把圆括号中的字符串"欢迎您光临易家超市!!"输出到屏幕上，输出结束后光标移到下一行的开始位置。

（4）程序中的注释。

程序中第 5 ～第 7 行是一个多行注释，第 10 行是一个单行注释。

拓展学习

1.2 Java 程序开发

1.2.1 使用 Eclipse 开发 Java 程序

Eclipse 是著名的跨平台的自由集成开发环境（IDE），最初主要用来开发 Java 语言。由于 Eclipse 本身只是一个框架平台，有丰富的插件。因而只有安装相关插件，才能支持 Web 开发和其他应用的开发，如 J2EE、C、C++、.Net、Python。

1. Eclipse 简介

Eclipse 最初是由 IBM 公司开发的替代商业软件的 IDE 开发环境。2003 年，Eclipse 3.0 选择 OSGi 服务平台规范为运行时架构。2007 年 6 月，稳定版 3.3 发布。2008 年 6 月发布代号为 Ganymede 的 3.4 版。2009 年 7 月发布代号为 GALILEO 的 3.5 版。2010 年 6 月发布代号为 Helios

的 3.6 版。2011 年 6 月发布代号为 Indigo 的 3.7 版，该版本增加了一个流行的 Eclipse 开发 GUI 构建器 WindowBuilder，本书中涉及的 Eclipse 开发环境都是安装此版本。

Eclipse 是开源项目，可以从 Eclipse.org 联盟的官方网站（网址为 http://www.eclipse.org/）上免费下载。

2. Java 项目工程结构

首先定义一个项目工程，用包组织 Java 源文件，类似于文件夹。可以通过选择 window|show view| Package Explorer 命令打开视图，如图 1.16 所示。

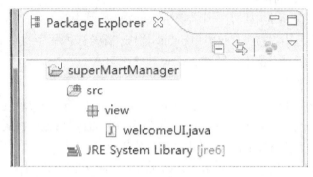

图 1.16　Eclipse 包资源管理器

3. 包组织

（1）包的作用。

类似于生活中不同内容的文档可以放在不同的袋子中，拥有相同的名称，避免冲突，这样文档分门别类，易于查找，易于管理。

包组织解决了存放两个同名的类而不冲突的问题，它允许类组成较小的单元，易于找到和使用相应的文件，同时也防止命名冲突，更好地保护类、数据和方法。

（2）使用 Eclipse 创建包的方法。

使用 Eclipse 创建包有以下两种方法。

① 分别创建包和类。创建项目（Java　Project）→创建包（Package）→创建类（Class）。

② 在创建类的过程中创建类所在的包。创建项目→创建类（在此过程中声明所属包，如无声明，则显示"缺省包"）。

（3）声明包。

语法格式：

```
Package 包名；
```

说明：

● 包名由小写字母组成，不能以圆点开头或结尾。

● 如果有包的声明，则必须作为 Java 源代码的第一条语句。

例如，WelcomeUI.java 源程序中的第 1 行就是创建包的语句。

```
Package  view
```

4. Java 源程序的开发

在日常生活中，程序可以看成对一系列动作执行过程的描述。而计算机中的程序是指为了让计算机执行某些操作或解决某个问题而编写的一系列有序指令的集合。开发 Java 程序的

3 个关键操作步骤如图 1.17 所示。

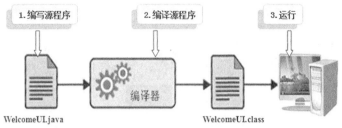

图 1.17 开发 Java 程序的步骤

5．Java 应用程序基本框架

Java 应用程序是由类（class）构成的，关键字都是小写字母。定义格式如下。

语法格式：

```
public  class 类名{                        --外层框架


  public  static  void  main(String[ ] args) {    -- Java 入口程序框架
        ……详细代码……                        --填写代码
  }
}
```

说明：

（1）类定义后面有一对花括号"{}"，构成类的内容都放在类定义的花括号中，通常称为类体。

（2）public（公共的）、class（类）是 Java 语言中有特殊含义的英文单词，称为关键字。

（3）Java 应用程序的类中必须有一个 main 方法，应用程序的运行就是执行 main 方法中的代码。

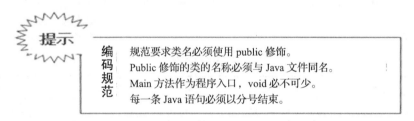

提示

编码规范

规范要求类名必须使用 public 修饰。
Public 修饰的类的名称必须与 Java 文件同名。
Main 方法作为程序入口，void 必不可少。
每一条 Java 语句必须以分号结束。

6.命令行输出方法

从控制台输出信息，可以调用 Java 已定义的方法 System.out.println()或 System.out.print()，该方法的功能是把方法名后面圆括号中的内容输出到屏幕上。println()表示输出结果后，光标移到下一行。print()表示输出结果后，光标在当前位置。

语句格式：

```
  System.out.println("输出信息" );
  System.out.print ("输出信息" );
```

说明：

Java 中转义字符 '\n' 的含义是换行，将光标移至下一行的开始处，因而 println(" ")与 print("\n")的执行结果相同。'\t' 就是水平制表（tab 键），将光标移至下一个制表符位置。

1.2.2　Java 中的标识符和关键字

1．标识符

标识符在编写程序过程中用于标识变量、方法、类和对象的名称，它可以是一个类名、一个方法名、一个变量名或一个参数名。标识符可以由编程者自由指定，但是需要遵循一定的语法规则。标识符要满足如下规则。

（1）标识符可以由大小写字母（a~z 和 A~z）、数字（0~9）和下画线（＿）、美元符号（$）组合而成。

（2）标识符第一个字符必须以大小字母、下画线或美元符号开头，不能以数字开头。

（3）关键字（保留字）也不能用作标识符。

例如：

sum、$book、_total、number3、book_name 属于合法的标识符。

class、int、new、8age、teach-sex 属于不合法的标识符；class、int、new 都是 Java 语言的关键字，8age 属于不合法标识符的原因是数字不能作为第一个字符，teach-sex 是因为含有非法字符"-"。

Java 语言中区分字母大小写。例如，welcomeUI 和 WelcomeUI class 和 Class、System 和 system 分别代表不同的标识符，在定义和使用时要特别注意这一点。

在用 Java 语言编程时，需要遵循以下编码习惯。

① 类名首字母应该大写；变量、方法及对象的首字母应小写。

② 对于所有标识符，其中包含的所有单词都应紧靠在一起，而且中间单词的首字母大写。例如，ThisIsAClassName、thisIsMethodOrFieldName。若在定义中出现了常数初始化字符，则所有字母大写。

2．关键字

关键字即保留字，是指由系统定义的标识符，具有特定的意义和用途。Java 的关键字如表 1-3 所示。

表 1-3　Java 关键字

abstract	boolean	break	byte	case	catch
char	class	continue	default	do	double
else	extend	false	final	finally	float
for	if	implement	import	instanceof	int
interface	long	native	new	null	package
private	protected	public	return	short	static
super	switch	synchronized	this	throw	throws
transient	true	try	void	volatile	while
goto	const				

注意：Java 语言中不再使用 goto、const 等关键字，但仍不能使用 goto、const 作为变量名。

3．Java 中的标识符命名约定

Java 中的标识符命名最好"见名知义"，能正确使用大小写，并遵循一些命名规范。

（1）包名：用小写英文单词表示，如 java.io。

（2）类名或接口名：由一个或几个英文单词构成，每个单词的第一个字符必须是大写，其他字母小写，如类名 Student。

（3）方法名：由一个或多个英文单词构成，一般以动词开始，其中第一个单词的第一个字符必须小写，如由多个单词构成，则其他单词的第一个字母必须大写，其他字母是小写，如 main()、println()、setAge()、getAge()。

（4）变量名或对象名：变量名或对象名由一个或多个英文单词构成，与方法命名的大小写规则一样。

（5）常量名：用关键字 final 修饰的，全部用大写字母，单词之间用下画线隔开。

1.2.3　Java 注释

程序中的注释是为了源程序增加必要的说明文字，以提高程序的可读性。注释本身并不能运行，源程序编译运行时，编译器忽略程序中的注释。Java 有以下 3 类注释。

1．单行注释

单行注释以"//"开始，表示这一行的所有内容，以行末结束。例如，在 WelcomeUI.java 源程序第 11 行的 System.out.println()方法前面添加了双斜杠线//，则第 10 行就变为注释行了。

2．多行注释

如果程序中的注释有多行，则可以在每行注释前面加上双斜线//，也可以将注释放在符号/*和*/之间。

3．文档注释

符号/**和*/之间的内容为文档注释。这种注释写在类声明、变量声明和方法定义的前面，分别对类、变量和方法做出说明。例如，WelcomeUI.java 源程序第 5 行～第 11 行所示的注释。文档注释主要是为支持 JDK 工具 javadoc 而采用的。javadoc 能识别注释中用标记@标识的一些特殊变量，并把 doc 注释加入它所生成的 HTML 文件。常用的@标记如下。

@see：引用其他类。

@version：版本信息。

@author：作者信息。

@param：参数名说明。

@return：说明。

@exception：完整类名说明。

对于有@标记的注释，javadoc 在生成有关程序的文档时，会自动识别它们，并生成相应的文档。

在命令行使用 javadoc 命令，空格后键入"源程序名. Java"，可从 Java 源程序中提取这些文档注释，并生成具有 JavaAPI 文档风格的程序说明文档。

技能训练

创建一个基于命令行的应用系统，项目工程名为superMarketManager，包名为view，编写登录界面的程序，如图1.18所示，购物系统主界面如图1.19所示。

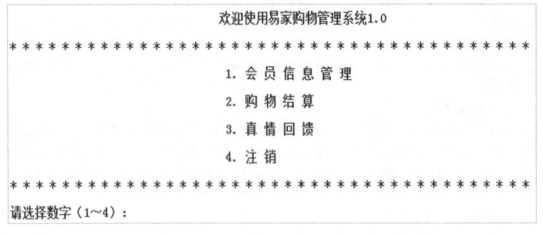

```
* * * * * * * * * * * * * * * * * * * * * * * * * * * * * * * * * * * * * * * * *


                     欢迎使用易家购物管理系统1.0版

                            1. 登 录 系 统

                            2. 退 出

* * * * * * * * * * * * * * * * * * * * * * * * * * * * * * * * * * * * * * * * *
请选择数字(1~2):
```

图1.18　登录界面

```
                         欢迎使用易家购物管理系统1.0
* * * * * * * * * * * * * * * * * * * * * * * * * * * * * * * * * * * * * * * * * *
                            1. 会 员 信 息 管 理
                            2. 购 物 结 算
                            3. 真 情 回 馈
                            4. 注 销
* * * * * * * * * * * * * * * * * * * * * * * * * * * * * * * * * * * * * * * * * *
请选择数字（1~4）：
```

图1.19　购物系统主界面

课后作业

一、思考题

1. Java 语言有哪些主要特点?
2. 程序入口方法main ( ) 的作用是什么?
3. 简述Java应用程序基本框架。
4. 简述使用Eclipse开发Java程序的步骤。
5. 简述如何在控制台输出一条信息。
6. 简述Java语言的注释类型与作用。

二. 编程题

1. 编写程序输出以下信息。

```
************************************
       欢迎进入Java编程世界
************************************
```

2. 编写程序实现自我介绍，从控制台打印输出你的信息，格式如下。

```
**********************************************************
        我来自 XXXX 专业 XXXX 班级

        学号是：XXX        姓名：XXX
**********************************************************
```

项目一　Java 开发环境的搭建

PART 2

项目二
流程功能设计

学习目标

- 最终目标：
  - ✧ 开发基于命令行的 Java 简单应用程序系统。
- 促成目标：
  - ✧ 熟悉基本数据类型与各种运算符。
  - ✧ 能使用条件结构与循环结构，编写程序流程控制，实现程序逻辑功能。
  - ✧ 能使用数组实现数据的存储与查询。
  - ✧ 理解 Java 应用程序的基本结构。
  - ✧ 能定义方法与调用方法，实现具体业务功能。

工作任务

子任务名称	任务描述
任务 2.1 购物结算数据类型	开发一个基于命令行的简单购物管理系统，实现简单购物结算功能。使用简单变量声明与赋值，实现商品信息的存储，计算某顾客购物的消费金额，并打印购物清单
任务 2.2 会员信息的验证	开发一个基于命令行的简单购物管理系统，实现会员信息的验证。能够通过会员管理菜单添加会员信息，实现会员信息的录入，并对录入信息进行验证，要求会员卡号必须是整型 5 位数
任务 2.3 会员信息的更新	开发一个基于命令行的简单购物管理系统，实现会员信息的更新，即能添加新会员信息，能根据会员卡号查找会员信息，修改会员的生日与积分

任务 2.1　购物结算数据类型

任务目标

1. 能理解数据类型与变量定义的方法，实现单个商品信息的存取。
2. 能使用算术运算符计算消费金额及购物获得的积分，并显示输出购物清单。

任务分析

某顾客购物如表 2-1 所示，享受 8 折优惠，购物结算时支付 1200 元，计算消费总额及找零情况并打印购物小票，根据每 100 元获得 3 分计算购物所得会员积分。

表 2-1　顾客购物清单

商品名	单价	数量	金额
衬衣	268	3	?
运动鞋	318	2	?

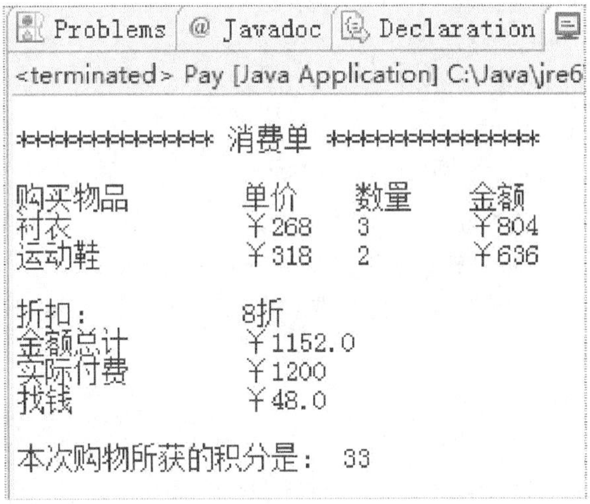

图 2.1　购物结算清单效果

首先，声明变量用来存储商品信息，如每件商品的单价、购物的数量，并计算出每件商品的总额，然后根据不同折扣，计算实际消费金额及购物获得的会员积分，最后使用 System.out.println()方法与字符串连接符"+"连接输出信息，使用转义字符\t 控制输出格式，打印显示效果如图 2.1 所示。

实现过程

步骤一：声明变量并初始化赋值。

```
int shirtPrice = 268; //衬衣价格
int shirtNo=3;          //衬衣件数
int shoePrice = 318;  //运动鞋价格
int shoeNo =2;          //运动鞋数目

double discount = 0.8;
```

步骤二： 计算每件商品的总额，根据折扣计算实际消费金额及会员积分。

```
/*计算消费总金额*/
double finalPay = (shirtPrice * shirtNo + shoePrice * shoeNo ) * discount;
    /*计算找零*/
double returnMoney = 1200-finalPay;
    /*计算本次购物所获积分*/
int score =  (int)finalPay / 100 * 3;
```

步骤三： 打印显示购物小票。

```
System.out.println("\n************* 消费单 ***************\n");
System.out.println("购买物品\t" + "单价\t" + "数量\t"+ "金额\t");
System.out.println("衬衣\t" + "\t¥"+shirtPrice+ "\t"  + shirtNo+ "\t" + "¥"+(shirtPrice * shirtNo)+"\t");
System.out.println("运动鞋\t" + "\t¥"+shoePrice + "\t"+ shoeNo+ "\t" + "¥"+(shoePrice * shoeNo)+ "\t\n");
System.out.println("折扣: \t\t8 折");
System.out.println("金额总计\t" + "¥" + finalPay);
System.out.println("实际付费\t¥1200");
System.out.println("找钱\t" + "\t¥" + returnMoney);
System.out.println("\n 本次购物所获的积分是: " + score);
```

完整源代码如下。

```
1   public class Pay {
2      public static void main(String[] args){
3          int shirtPrice = 268; //衬衣价格
4          int shirtNo=3;          //衬衣件数
5          int shoePrice = 318;  //运动鞋价格
6          int shoeNo =2;          //运动鞋数目
7          double discount = 0.8;
8
9      /*计算消费总金额*/
10     double finalPay = (shirtPrice * shirtNo + shoePrice * shoeNo ) * discount;
11
12     /*计算找零*/
13     double returnMoney = 1200-finalPay;
```

```
14
15        /*计算本次购物所获积分*/
16        int score = (int)finalPay / 100 * 3;
17
18        /*打印购物小票*/
19        System.out.println("\n*********** 消费单 ***********\n");
20        System.out.println("购买物品\t" + "单价\t" + "数量\t"+ "金额\t");
21        System.out.println("衬衣\t" + "\t¥"+shirtPrice+ "\t" + shirtNo+ "\t"
+ "¥"+(shirtPrice * shirtNo)+"\t");
22        System.out.println("运动鞋\t" + "\t¥"+shoePrice + "\t"+ shoeNo+ "\t" +
"¥"+(shoePrice * shoeNo)+ "\t\n");
23
24        System.out.println("折扣: \t\t8 折");
25        System.out.println("金额总计\t" + "¥" + finalPay);
26        System.out.println("实际付费\t¥1200");
27        System.out.println("找钱\t" + "\t¥" + returnMoney);
28
29        System.out.println("\n本次购物所获的积分是: " + score);
30
31      }
32    }
```

技术要点

1. 数值类型

程序设计中，数值是程序的必要组成部分，也是程序处理的对象。数值型数据分为整数型与浮点型。Java 编程语言中有 4 种整数型：byte（字节型）、short（短整型）、int（整型）、long（长整型）；浮点型包括 float（单精度实数）、double(双精度实数)。

2. 变量

变量是在程序运行过程中其值可变的数据，通常用来存储运算中间结果或保存数据。Java 中的变量必须先声明后使用，声明变量包括指明变量的数据类型和变量的名称，必要时还可以指定变量的初始值。变量声明要以分号结尾。

例如：

```
int shoePrice, shoePrice;
double discount=0.8, double returnMoney;
```

3. 算术运算符

算术运算符主要作用于整型和浮点型数据，完成算术运算，包括加（+）、减（−）、乘（*）、除（/）、取模（%）5 种运算。

4. 字符连接运算符

Java 语言中对加运算符进行了扩展，使它能够连接字符串，如"wel"+"come"得到字符串"welcome"。

5. 赋值与强制类型转换

简单的赋值运算是把一个表达式的值直接赋给一个变量或对象，使用的赋值运算符是"="。

2.1 数据类型、常量与变量

Java 中的数据类型分为两大类，基本数据类型（primitive types）（见表 2-2）和引用类型（reference types）。引用型如类、数组等知识将在任务 2.3 的拓展知识中详细讲解。

表 2-2　Java 的基本数据类型

数据类型	关键字	占用字节	默认数值	取值范围
布尔型	boolean	1	false	true、false
字节型	byte	1	0	-128 ~ 127
短整型	short	2	0	-32768 ~ 32767
整型	int	4	0	-2 147 483 648 ~ 2 147 483 647
长整型	long	8	0L	-9 223 372 036 854 775 808 ~ 9 223 3720 368 547 758 07
单精度浮点型	float	4	0F	$1.4 \times 10^{-45} \sim 3.4 \times 10^{38}$
双精度型	double	8	0D	$4.9 \times 10^{-324} \sim 1.8 \times 10^{308}$
字符型	char	2	'\u0000'	'\u0000' ~ '\uffff'

2.1.1　基本数据类型

1. 逻辑（boolean）型

boolean 型变量或常量的取值只有 true 和 false 两个。其中，true 代表"真"，false 代表"假"。例如，定义 boolean 型变量。

```
boolean b2=true;//定义变量名为 b2 的逻辑变量，赋初值 true
boolean b3=false;//定义变量名为 b3 的逻辑变量，赋初值 false
```

2. 整数型

整数型有 4 种类型：byte（字节型）、short（短整型）、int（整型）、long（长整型），在内存中分别占 1、2、4、8 字节。Java 的各种数据类型占用固定的内存长度，与具体的软硬件平台环境无关，体现了 Java 的跨平台特性。Java 的每种数据类型都对应一个默认值，使得这种数据类型变量的取值总是确定的，体现了其安全性。

3. 浮点数型

浮点数型有两种类型，float（单精度实数）及 double（双精度实数），在计算机中分别占 4

字节和 8 字节，它们所表达的实数的精度和范围不同。

4.字符型

char(字符型)是用 Unicode 编码表达的字符，在内存中占 2 字节。由于 Java 的字符类型采用一种新的国际标准编码方案——Unicode 编码，这样便于处理东方字符和西方字符。因此，与其他语言相比，Java 处理多语种的能力大大加强。除基本数据类型外，Java 中还具有引用数据类型，包括数组(array)、类(class)和接口(interface)。这些类型将在后续章节中介绍。

2.1.2 常量与变量

1.常量

常量是程序运行过程中其值不变的量，Java 语言中使用保留字 final 来实现，这部分内容在后续拓展知识中讲解。Java 中常用的常量类型有布尔常量、整型常量、字符常量、字符串常量和浮点常量。

字符常量用一对由单引号括起的单个字符表示，如 'A'、'1'。字符可以是字母表中的字符，也可以是转义字符，还可以是要表示的字符所对应的八进制数或 Unicode 码。转义字符是一些有特殊含义、很难用一般方式表达的字符，如回车符、换行符等。为了表达这些特殊字符，Java 中引入了一些特别的定义。所有的转义字符都用反斜线(\)开头，后面跟一个字符用来表示某个特定的转义字符，如表 2-3 所示。

表 2-3　转义字符

转 义 字 符	含 义
\ddd	1～3 位八进制数所表示的字符(ddd)
\uxxxx	1～4 位十六进制数所表示的字符(xxxx)
\'	单引号字符
\"	双引号字符
\\	反斜杠字符
\r	回车符
\n	换行符
\f	走纸换页
\t	横向跳格
\b	退格

2.变量

变量是程序运行过程中其值随时可以改变的量。它也是 Java 程序中的一个基本存储单元。变量有 3 个基本要素：变量名、变量的数据类型和变量值。

（1）变量名是由用户为该变量所定义的一个标识符，它实际代表该变量在计算机内存中的一系列存储单元。变量名一旦定义就不会改变。

（2）变量的数据类型规定了变量所用的存储单元的数目与所执行的操作类型。例如，逻辑型变量只能占 1 字节的内存空间，整型变量占 4 字节的内存空间。

（3）变量值是变量在某个时刻的取值，即变量存储单元的实际内容。但变量的存储地址与数据类型不会变化。

Java 语言中，所有的变量**必须遵循先定义后使用**的规则。

定义变量的格式如下。

<数据类型><变量标识符>[=<初始值>][，<变量标识符>][=<初始值>]

其中方括号([])括起来的部分为可选项。

例如：

```
int num1=30,num=28,result;

double score=97.8;
```

【例2-1】编写程序声明变量并赋值。

```
public class Example1 {
    public static void main (String args []) {
         boolean b = true;               // 声明 boolean 型变量并赋值
         int x, y=8;                     // 声明int型变量
         float f = 4.5f;                 // 声明 float 型变量并赋值
         double d = 3.1415;              // 声明 double 型变量并赋值
         char c;                         // 声明 char 型变量
         c ='\u0031';                    // 为 char 型变量赋值
         x = 12;                         // 为 int 型变量赋值
         System.out.println("b=" + b);
         System.out.println("x=" + x);
         System.out.println("y=" + y);
         System.out.println("f=" + f);
         System.out.println("d=" + d);
         System.out.println("c=" + c);
    }
}
```

运行结果如下。

```
b=true
x=12
y=8
f=4.5
d=3.1415
c=1
```

2.1.3 运算符

运算符指明对操作数所进行的运算。按操作数的数目不同，可以分为一元运算符（如++）、二元运算符（如+、>）和三元运算符（如? :），它们分别对应于 1 个、2 个和 3 个操作数。按照运算符的功能，基本运算符有下面几类。

（1）算术运算符：+、-、*、/、%、++、--。

（2）关系运算符：>、<、>=、<=、==、!=。

（3）布尔逻辑运算符：!、&&、||、&、|。

（4）位运算符：>>、<<、>>>、&、|、^、~。

（5）赋值运算符：=和其扩展赋值运算符（如+=）。

（6）条件运算符：?。

（7）其他：包括分量运算符·、下标运算符 []、实例运算符 instanceof、内存分配运算符 new、强制类型转换运算符 （类型）和方法调用运算符 () 等。

1．算术运算符

（1） 二元算术运算符。

二元算术运算符如表 2-4 所示。

表 2-4　二元算术运算符

运算符	用 法	描 述
+	op1 + op2	加
-	op1 - op2	减
*	op1 * op2	乘
/	op1 / op2	除
%	op1 % op2	取模（求余）

（2）一元算术运算符。

一元算术运算符如表 2-5 所示。

表 2-5　一元算术运算符

运算符	用 法	描 述
+	+ op	正值
-	- op	负值
++	++ op, op ++	加1
--	- - op, op - -	减1

注意：

++和--运算符既可以置于变量前，也可以置于变量后。i++与++i 都会使 i 的值加 1，但作为表达式，i++与++i 是不同的。

i++在使用 i 之后，使 i 的值加 1，因此执行完 i++后，整个表达式的值为 i，而 i 的值变为 i+1。

++i 在使用 i 之前，使 i 的值加 1，因此执行完++i 后，整个表达式和 i 的值均为 i+1。

i--与--i 与上述情况一样。

【例 2-2】使用算术运算符/和 %分解一个 4 位数的各位数字。

```
public class Example2 {
```

```
public static void main (String args []) {
      int num=2583;
      int first,second,  third, fourth;
       first=num/1000;
       second=num%1000/100;
       third=num/100/10;
       fourth =num%10;
       System.out.println("数字"+num+"的千位是"+first+"\t百位是"+second+"\t
十位是"+third+"\t个位是"+fourth);
   }
}
```

运行结果如下。

数字2583的千位是2 百位是5 十位是2 个位是3

2. 关系运算符

关系运算符用来比较两个值,返回布尔类型的值 true 或 false。关系运算符都是二元运算符,如表 2-6 所示。

表 2-6 关系运算符

运 算 符	用 法	返回结果
>	op1 > op2	op1 大于 op2 时返回 true
>=	op1 >= op2	op1 大于或等于 op2 时返回 true
<	op1 < op2	op1 小于 op2 时返回 true
<=	op1 <= op2	op1 小于或等于 op2 时返回 true
==	op1 == op2	op1 与 op2 相等时返回 true
!=	op1 != op2	op1 与 op2 不相等时返回 true

3. 逻辑运算符

逻辑运算符用于对 boolean 型结果的表达式进行计算,运算结果都是 boolean 型,如表 2-7 所示。

表 2-7 逻辑运算符

运 算 符	用 法	返回结果
&& (与)	op1 && op2	op1 和 op2 都是 true 时,返回 true
|| (或)	op1 || op2	op1 或者 op2 是 true 时,返回 true
! (非)	! op	Op 为 false 时,返回 true
^ (异或)	op1 ^ op2	op1 和 op2 逻辑值不相同时,返回 true

【例2-3】比较两个整数大小，并求商。

```java
public class Example3 {
    public static void main(String[] args) {
        int a = 26,b=8;
        boolean d = a<b;
        System.out.println(" a<b= "+d);
        int c = 3;
        if (c!=0 && a/c>5)
                System.out.println(" a/c= "+a/c);
        int e=0;
        if (e!=0 && a/e>5)
                System.out.println(" a/e= "+a/e);
        else
                System.out.println( " e= "+e);
    }
}
```

运行结果如下。

```
a<b= false
a/c= 8
e= 0
```

4. 位运算符

位运算符是对操作数以二进制位为单位进行的操作和运算，其结果均为整型量。位运算符分为移位运算符和逻辑运算符，如表 2-8 所示。

表 2-8 位运算符

运 算 符	用 法	操作
>>	op1 >> op2	将 op1 右移 op2 位
<<	op1 << op2	将 op1 左移 op2 位
>>>	op1 & op2	将 op1 右移 op2 位（无符号）
&	op1 >>> op2	按位与
|	op1 | op2	按位或
^	op1 ^ op2	按位异或
~	~op	按位非

5. 数据类型转换

（1）自动类型转换规则。

整型、实型和字符型数据需要进行混合运算时，首先需要把不同类型的数据先转化为同一类型，然后才能进行运算，转换时，系统按照数据类型的存储表示范围，遵循由小到大的转换原则

自动进行，如表 2-9 所示。数据类型的存储表示范围由小到大的顺序依次为小-----------------→大

byte→short→char→int→long→float→double

表 2-9　自动类型转换规则

操作数 1 的类型	操作数 2 的类型	转换后的类型
byte、short、char	int	int
byte、short、char、int	long	long
byte、short、char、int、long	float	float
byte、short、char、int、long、float	double	double

（2）强制类型转换。

类型高级数据转换成类型低级数据时，需用到强制类型转换。例如：

```
int i;
byte b=(byte)i; //把 int 型变量 i 强制转换为 byte 型
```

（3）Java 语言中的其他转换。

●　数字转换为字符串。

　　Double.toString(double)：将 double 型数值转换为其等效的字符串表示形式。

　　Float.toString(float)：将 float 型数值转换为其等效的字符串表示形式。

也可以使用字符串类的 valueOf 方法：　String.valueOf(各种类型的数值变量)。

●　数字类型转换为各种常用进制的字符串类。

　　toBinaryString(long or int)：转换为二进制形式的字符串类。

　　toOctalString(long or int)：转换为八进制形式的字符串类。

　　toSexString(long or int)：　转换为十六进制形式的字符串类。

●　字符串转换为数字。

　　Byte.parseByte(string)：转换为字节型数值。

　　Short.parseShort(string)：转换为短整型数值。

　　Integer.parseInt(string)：转换为整型数值。

　　Long.parseLong(string)：转换为长整型数值。

　　Float.parseFloat(string)：转换为单精度型数值。

　　Double.parseDouble(string)：转换为双精度型数值。

【例 2-4】数据类型转换应用。

```
public class Example4 {
    public static void main(String [] args)
    {
        String str = "123";
        int j;
        byte b;
        int i=257;
        double d = 323.142;
```

```
        System.out.println("\n int型转换byte型.");
        b =(byte) i;  //强制转换
        System.out.println("i ="+ i + " \t b= "+b);
        System.out.println("\n double型转换 int型");
        i=(int)d;  //强制转换
        System.out.println("d ="+ d + "\t i= "+i);
        b=(byte)d;  //强制转换
        System.out.println("d ="+ d + " \tb= "+b);
        j=Integer.parseInt(str);
        System.out.println("j="+j);
    }
}
```

运行结果如下。

```
int型转换byte型.
i =257      b= 1

double型转换 int型
d =323.142          i= 323
d =323.142          b= 67
j=123
```

【例2-5】设计一个数字加密器，加密规则是：加密结果=（整数*10+5）/2 + 3.14159，加密结果仍为一个整数。

```
public class Example5 {
    public static void main (String args []) {
        int num=34;
        int  result;
        result=(int)((num*10+5)/2+3.14159);
        System.out.println(num+"加密后的结果是"+result);
    }
}
```

运行结果如下。

```
34加密后的结果是175
```

技能训练

在项目工程 superMarketManager 中，完善任务 2.1 的功能，编写程序 Pay1.java，实现从键盘输入商品信息，计算消费金额及购物获得的积分，并显示输出购物清单。

提示：从键盘输入数据，需要使用 Scanner 类实现。

```
import java.util.Scanner ;
......
System.out.println("请输入一个数字: ");
Scanner input = new Scanner(System.in);
int  num = input.nextInt();
```

任务 2.2　会员信息的验证

任务目标

1. 能使用 if 语句判断用户信息的合法性
2. 能使用 if 语句实现会员根据积分享受不同折扣并计算会员的折扣率
3. 能使用 switch 语句实现菜单之间的切换
4. 会定义并调用方法。

任务分析

首先使用 System.out.println()方法与 if 语句设计易家购物管理系统中的会员信息管理菜单。利用输入数字与 if 语句激活会员信息管理菜单中的"1----添加会员信息"的功能，实现会员信息的添加，使用 Scanner 类及不同的 next()方法从控制台获取键盘输入的会员信息，对输入的会员卡号使用 if 分支结构判断其是否合法，如果信息合法，则显示输入的会员信息。

如果添加的信息不合法，则显示"输入失败"。根据会员的积分，可以享受不同的折扣，折扣表如表 2-10 所示，计算会员的折扣率，并显示会员信息。

表 2-10　会员积分折扣表

会员积分 custScore	折扣 discount
custScore < 2000	9 折
2000 ≤ custScore < 4000	8 折
4000 ≤ custScore < 8000	7 折
custScore ≥ 8000	6 折

实现过程

步骤一：创建一个会员管理类 CustManager，编写方法 add()实现会员信息的添加，首先声明变量并利用 Scanner 类的不同 next 方法从控制台获取键盘输入数据。

```
Scanner input = new Scanner(System.in);
  System.out.print("请输入会员卡号(<5位整数>): ");
  int custNo = input.nextInt();
```

```java
System.out.print("请输入会员生日（月/日<用两位数表示>）: ");
String custBirth = input.next();
System.out.print("请输入积分: ");
int custScore = input.nextInt();
```

步骤二：判断输入的数据是否合法，如果合法，则显示会员信息，否则输入提示信息。

```java
/* 判断会员卡号有效性 */
if (custNo >= 10000 && custNo <= 99999) {
    System.out.println("\n已录入的会员信息是: ");
    System.out.println(custNo + "\t" + custBirth + "\t" + custScore); }
else {
        System.out.println("\n会员卡号" + custNo + "是无效会员号! ");
        System.out.println("录入信息失败! ");
        }
```

步骤三：根据会员积分享受不同的折扣率，显示会员信息及折扣率。

```java
double discount;
/* 判断折扣 */
if (custScore < 2000) {
    discount = 0.9;
} else if (custScore < 4000) {
    discount = 0.8;
} else if ( custScore < 8000) {
    discount = 0.7;
} else {
    discount = 0.6;
}
System.out.println("\n已录入的会员信息是:  ");
System.out.println("会员卡号" + "\t" +"会员生日" + "\t" + "会员积分"+"\t"+"会员折扣");
System.out.println(custNo + "\t" + custBirth + "\t" +
custScore+"\t"+discount);
```

步骤四：创建一个 startCustMenu()方法，其功能是显示会员信息管理菜单，使用 System.out.println()方法与 if 语句设计会员信息管理菜单与激活功能。

```java
System.out.print("\n易家购物管理系统 > 会员信息管理 \n");
System.out.print("\t* * * * * * * * * * * * * * * * * * * * * * * * * * \n");
System.out.println("\t\t 1. 添 加 会 员 信 息\n");
System.out.println("\t\t 2. 修 改 会 员 信 息\n");
System.out.println("\t\t 3. 查 询 会 员 信 息\n");
System.out.print("\t\t 4. 显 示 所 有 会 员 信 息\n");
```

```java
System.out.print("\t* * * * * * * * * * * * * * * * * * * * * * * * * * * \n");
System.out.print("请输入数字（1~4）或 按 0 返回 ");
Scanner input = new Scanner(System.in);
int num = input.nextInt();
if (num==1)
    System.out.println("易家购物管理系统>会员信息管理>添加会员信息\n");
else if (num==2)
    System.out.println("易家购物管理系统>会员信息管理>修改会员信息\n");
else if (num==3)
    System.out.println("易家购物管理系统>会员信息管理>查询会员信息\n");
else if (num==4)
    System.out.println("易家购物管理系统>会员信息管理>显示所有会员信息\n");
else
    System.out.println("返回菜单\n");
```

步骤五：创建一个 returnMenu()方法，其功能是返回会员信息菜单。如果输入的数字是 0，则调用 startCustMenu()方法。

```java
/**
 * 返回会员信息菜单
 */
public void returnMenu() {
    Scanner input = new Scanner(System.in);
    System.out.println(" 按 0 返回 ");
    if (input.nextInt() == 0) {
        startCustMenu() ; }
     else {
        System.out.println("输入错误，异常终止！"); }
}
```

步骤六：Java 应用程序执行的入口程序是 main 主方法，它由 Java 虚拟机自动调用，并从 main 主方法中的第一条语句开始执行，直到执行到该方法的最后一条语句。

```java
/**
 * 入口程序
 *
 * @param args
 */
public static void main(String[] args) {
    CustManager   cust =new CustManager();
    cust.startCustMenu();
}
```

逐一运行测试编写的每个方法，程序测试成功后，将 startCustMenu()方法中显示与激活菜单改用 swtich 语句实现，实现方法间的调用。

程序完整的源代码如下。

```java
1 import java.util.Scanner;
2 public class CustManager {
3
4   /**
5    * 显示会员信息管理菜单
6    */
7   public void startCustMenu() {
8       System.out.print("\n易家购物管理系统 > 会员信息管理 \n");
9       System.out.print("\t* * * * * * * * * * * * * * * * * * *
* * * * * \n");
10      System.out.println("\t\t 1. 添 加 会 员 信 息\n");
11      System.out.println("\t\t 2. 修 改 会 员 信 息\n");
12      System.out.println("\t\t 3. 查 询 会 员 信 息\n");
13      System.out.print("\t\t 4. 显 示 所 有 会 员 信 息\n");
14      System.out.print("\t* * * * * * * * * * * * * * * * * * *
* * * * * \n");
15      System.out.print("请输入数字（1～4）或 按0返回： ");
16      Scanner input = new Scanner(System.in);
17      int no = input.nextInt();
18      if( no==1 ) {
19              add();
20              }
21      else if(no==2){
22              System.out.println("易家购物管理系统>会员信息管理>修改会员信息
\n");
23              }
24      else if(no==3){
25              System.out.println("易家购物管理系统>会员信息管理>查询会员信息
\n");
26          }
27      else if(no==4){
28              System.out.println("易家购物管理系统>会员信息管理>显示所有会员信息
\n");
29          }
30      else{
31              System.out.println("返回主菜单\n");  }
```

```
32              }


33  /**
34   * 返回会员信息菜单
35   */
36  public void returnMenu() {
37      Scanner input = new Scanner(System.in);
38      System.out.print(" 按 0 返回菜单: ");
39      if (input.nextInt() == 0) {
40              startCustMenu() ; }
41      else
42        {
43              System.out.println("输入错误, 异常终止! ");              }
44      }


45  /**
46   * 添加会员信息
47   */
48  public void add(){
49      System.out.println("易家购物管理系统 > 会员信息管理 > 添加会员信息\n");
50      Scanner input = new Scanner(System.in);
51      System.out.print("请输入会员卡号(<5位整数>): ");
52      int custNo = input.nextInt();
53      System.out.print("请输入会员生日（月/日<用两位数表示>): ");
54      String custBirth = input.next();
55      System.out.print("请输入积分: ");
56      int custScore = input.nextInt();
57      double discount;
58      /*验证会员卡号的合法性*/
59      if (custNo >= 10000 && custNo <= 99999) {
60          if (custScore < 2000) {
61              discount = 0.9;
62          } else if (custScore < 4000) {
63              discount = 0.8;
64          } else if ( custScore < 8000) {
65              discount = 0.7;
66          } else {
67              discount = 0.6;
68          }
```

```
69          System.out.println("\n已录入的会员信息是: ");
70          System.out.println("会员卡号" + "\t" +"会员生日" + "\t" + "会员积分"+"\t"+"会员折扣");
71          System.out.println(custNo + "\t" + custBirth + "\t" + custScore+"\t"+discount);
72          }
73      else {
74          System.out.println("\n会员卡号" + custNo + "是无效会员号! ");
75          System.out.println("录入信息失败! ");
76      }
77      returnMenu();  //返回菜单
78  }

79  /**
80   * 入口程序
81   *
82   * @param args
83   */
84  public static void main(String[] args) {
85      CustManager   cust =new CustManager();
86      cust. startCustMenu() ;
87  }
88}
```

程序运行结果如图 2.2 所示，显示会员信息管理菜单，输入数字 1，执行添加会员信息的功能，如果会员卡号合法，则显示如图 2.3 所示的界面，按 0 返回菜单，输入数字 1，添加不合法的会员卡号，显示效果如图 2.4 所示。

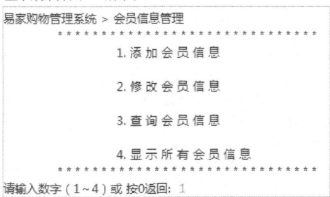

图 2.2　会员信息管理菜单

图 2.3　添加合法会员信息

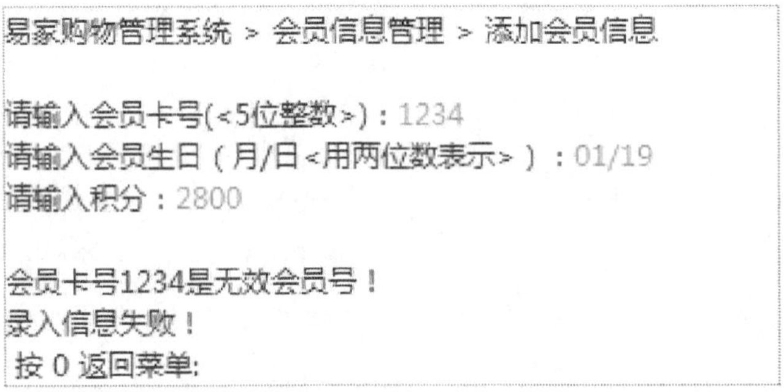

图 2.4　添加不合法会员信息

技术要点

1．Java 语言的 API 类库

java.lang.*：提供利用 Java 编程语言进行程序设计的基础类。

java.util.*：提供集合框架、Collection 类、日期、实用工具等类。

java.io.*：提供强大的系统输入和输出。

javax.sql.*：提供访问并处理存储在数据源中的数据的 API。

2．使用 Scanner 类接收键盘输入

Scanner 是 JDK5.0 新增的一个类，该类位于 java.util 包中，使用该类创建一个对象 "Scanner input =new Scanner(System.in);"，然后使用 input 对象调用方法，读取用户在命令行中输入的各种数据类型。例如，源代码中第 16 行、第 37 行、第 50 行使用 Scanner 类创建一个 input 对象，第 17 行、第 39 行、第 52 行、第 56 行为 input 对象调用 nextInt()方法，读取用户在命令行输入的整型数据，而第 54 行为 input 对象调用 next()方法，读取用户在命令行输入的字符型数据。

在程序中若使用 Scanner 类取得用户输入数据，必须加上 "import java.util.Scanner;" 这条语句。import 的功能就是告诉编译器，将要使用 java.util 包中的 Scanner 类，如源代码中第 1 行。

3．String 类型

String 类型提供只读的字符串，并支持相应的运算。创建 String 字符串最简单的方式就是使用字符串文本。例如，源代码中第 54 行声明一个会员生日的字符串，该字符串的值通过使

用 next 方法读取一行文本数据，实现以键盘输入的方式给字符串变量赋值，代码如下。

```
Scanner input = new Scanner(System.in);
String custBirth= input.next();
```

4. 条件结构

条件结构就是利用条件实现程序中哪些部分要执行，哪些部分要跳过。条件类似于日常生活中的选择行为，主要通过条件语句实现。Java 中的条件语句有两种，if 语句和 switch 语句。

在源代码中，第 59 行～第 78 行就是一个 if…else 形式的 if 语句，首先判断条件表达式是否满足，表达式返回值为 boolean 型，如果 custNo >= 10000 && custNo <= 99999 表达式的返回值为 True，则执行第 15 行～第 27 行语句序列；否则执行第 73 行～第 78 行的语句序列。

在第 60 行～第 72 行语句序列中嵌套了一个 if…else 的改进形式，即 if…else if(可以多个) …else，即多分支语句，用于进行多重判断，根据会员积分可以享受不同的折扣，实现不同的折扣率。

源代码中第 18 行～第 32 行中也使用了一个改进的 if…else if 语句，用于自动判断菜单的选择，执行相应的语句。Java 中的多分支语句还有 switch 语句，它可以与 if…else 语句相互替换使用。

如源代码中第 18 行～第 26 行，自动判断菜单选择的代码，则可以用 switch 语句改写，具体代码如下。

```
switch(no)
{
    case 1:
        add( );
        break;
    case 2:
        System.out.pr intln("易家购物管理系统>会员信息管理>修改会员信息\n");
        break;
    case 3:
        System.out.println("易家购物管理系统>会员信息管理>查询会员信息\n");
        break;
    case 4:
        System.out.println("易家购物管理系统>会员信息管理>显示所有会员信息\n");
        break;
default:
        System.out.println("返回上一级菜单\n");
}
```

5. 类与对象的 Java 实现

Java 是面向对象的编程语言，所有 Java 程序都以类 class 为组织单元，关键字 class 定义对象的数据类型和行为，对象的任何行为都可以通过 Java 类中的方法实现。Java 程序将用户要表达的实体封装在类中，并由类来创建诸多的实例对象。应用程序的功能便是由各个类的实例对象，通过调用其他类或本类的方法来实现的。这部分将在项目三中重点说明。

本任务主要设计会员信息管理菜单，实现会员信息输入与验证功能。完整源代码中定义了会员管理类 CustManager，该类中定义三个成员方法：add()、returnMenu()和 startCustMenu()。源代码中第 7 行～第 32 行定义 startCustMenu()方法，显示会员信息管理菜单；第 36 行～第 44 行定义 returnMenu()方法，实现返回会员信息菜单的功能；第 48 行～第 78 行定义 add()方法，实现会员信息输入与验证功能。该类中还包含一个主方法 main()，这个方法和其他的方法有很大不同。例如，方法的名称必须是 main，方法的类型必须是 public static void，方法中必须接受类型为 String 对象的数组，由名称 args 引用，即 Java 应用程序中 main()方法的声明必须为：public static void main(String []args)，如源代码中的第 84 行所示。该 main 方法是 Java 应用程序的入口方法，当运行 Java 程序时，系统定位并运行该类的 main 方法，直至程序结束。在该方法中，创建一个会员管理类 CustManager 的对象 cus1，调用类方法 startCustMenu()，然后通过方法间的相互调用实现会员信息管理功能，如源代码中第 19 行、第 40 行、第 77 行都是方法间的调用。

拓展学习

2.2 控制流、方法、引用类型

2.2.1 流程控制结构

流程控制语句是用来控制程序中各语句执行顺序的语句，是程序中基本和关键的部分。流程控制语句可以把单个语句组合成有意义的、能完成一定功能的小逻辑模块。

1．顺序结构

语句与语句块(语句序列)是构成 Java 程序的基本组成部分。语句是以分号（；）作为结束符的一条完整命令。一个表达式加上分号就是一条语句，即使一行只有一个分号，也是语句，称为空语句。语句可以是一条语句，也可以是用花括号({ })括起来的一个语句集合。

2．条件结构

条件结构也称为分支结构、选择结构，主要有 if...else 语句与 switch 语句。

（1）if...else 语句。

if...else 语句是最基本的条件控制结构，它根据条件选择执行后续语句，其语法格式如下。

```
if (<条件表达式>)
    {返回值为 True 时执行的语句序列>}
else
    {返回值为 False 时执行的语句序列>}
```

if 语句执行过程如下。

首先计算条件表达式的值。如果值为 True，则执行返回值为 True 时执行的语句序列；如果值为 False，则执行返回值为 False 时执行的语句序列，如图 2.5 所示。

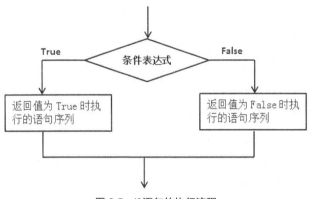

图 2.5 if 语句的执行流程

if 语句还有以下两种形式。

① 单分支结构的 if 语句，语法格式如下。

```
if(<条件表达式>)     {<语句序列>}
```

② 多分支结构的 if 语句，它是 if...else 改进形式，用于进行多重判断。语法格式如下。

```
if（<表达式 a>）
        {返回值为 True 时执行的语句序列>}
else if（<表达式 b>）
        {表达式 a 的返回值为 False 且表达式 b 的返回值为 True 时执行的语句序列>}
    ……
    else
        {所有表达式返回值均为 False 时执行的语句序列>}
```

【例 2-6】显示星期几对应的英文字符串。

```java
import java.util.Scanner;
public class WeekList {
    public static void main(String[] args) {
        Scanner input = new Scanner(System.in);
        System.out.print("请输入数字0-6显示对应星期几: ");
        int week = input.nextInt();
        if(week==0)
                System.out.print("Sunday") ;
        else if(week==1)
                System.out.print("Monday") ;
        else if(week==2)
                System.out.print("Tuesday") ;
        else if (week==3)
                System.out.print("Wednesday") ;
        else if (week==4)
```

```
                System.out.print("Thursday") ;
        else if (week==5)
                System.out.print("Friday") ;
        else if (week==6)
                System.out.print("Saturday") ;
        else
            System.out.print("Data Error") ;
        }
}
```

（2）switch 语句。

switch 语句（又称开关语句）和 case 语句一起使用，其功能是根据某个表达式的值在多个 case 引导的分支语句中选择对应的一个来执行。

语法格式如下。

```
switch(<判断表达式>)
{
    case 表达式 a :
                判断表达式与表达式 a 的值匹配时执行的语句序列
                    break;
    case 表达式 b :
                判断表达式与表达式 b 的值匹配时执行的语句序列
                break;
                ......
      default:
                判断表达式与所有 case 表达式的值都不匹配时执行的语句序列
}
```

【例 2-7】使用 switch 语句显示星期几对应的英文字符串。

```
import java.util.Scanner;
public class WeekList1 {
    public static void main(String[] args) {
        Scanner input = new Scanner(System.in);
        System.out.print("请输入数字0-6显示对应星期几: ");
        int week = input.nextInt();
        switch(week) {
        case 0 :
                System.out.print("Sunday") ; break;
        case 1:
                System.out.print("Monday") ;break;
        case 2:
                    System.out.print("Tuesday") ; ;break;
```

```
            case 3:
                    System.out.print("Wednesday") ;break;
            case 4:
                    System.out.print("Thursday");break;
            case 5:
                    System.out.print("Friday") ;break;
            case 6:
                    System.out.print("Saturday") ;break;
            default:
                    System.out.print("Data Error") ;
        }
    }
}
```

【例2-8】使用 switch 语句实现电话自助服务。

按1：账户及话费查询。按2：归属地查询。按3：套餐服务。按4：人工服务。

```
import java.util.*;
public class Dial {
    public static void main(String[] args) {
        Scanner input = new Scanner(System.in);
        int no = input.nextInt();
        switch (no) {
            case 1:
                    System.out.println("账户及话费查询");
                     break;
            case 2:
                    System.out.println("归属地查询");
                     break;
            case 3:
                    System.out.println("套餐服务");
                     break;
            case 4:
                    System.out.println("人工服务");
                     break;
        }
    }
}
```

2.2.2 方法

Java 程序设计的基本单位是类（class），类中包含数据成员和方法，方法即作为运算核心的可执行代码集。对于 Java，方法就是"怎样去做这件事"，方法实际上描述了一种行为、一种功能，决定了一个对象能够接受什么样的消息。一个方法就是一个可以被其他 Java 代码调用的 Java 语句的集合。

1．定义方法

Java 的方法与其他语言中的函数或过程类似，是一段用来完成某种操作的程序片断。 方法必须放在类中，方法定义由方法头和方法体组成，其一般格式如下。

```
[修饰符]    返回值类型    方法名(形式参数列表)  {
        方法体；
}
```

上述加粗的部分是定义方法时必须具有的。最简单的方法头的定义必须依次包含返回值类型、方法名，后跟圆括号。其中圆括号中只能是传递到方法体中使用的一个或多个变量的变量声明，通常称为方法的参数，也可以为空，表明方法不需要接受参数。也就是说，当一个方法被调用时，它会被传递 0 个或多个值，这些值称为参数。

（1）方法头。

上述方法定义的开始部分称为方法头，其中修饰符和参数表是可选的。修饰符、返回值类型和方法名之间使用空格隔开。

◆　　修饰符：可以是 public、protected、final、static 等，其含义将在后续内容中说明。

◆　　返回值类型：根据方法执行后要返回的结果类型来指明方法头定义的返回值类型，可以是各种基本数据类型、数组、类。如果方法没有返回值，则指定为 void 类型。

◆　　方法名：由程序员自己定义的符合 Java 命名规范的标识符。

◆　　参数列表：声明方法接受的变量类型，有多个变量声明时，用逗号隔开。通常称方法定义声明的参数为形式参数。

（2）方法体。

方法体就是该方法具体业务代码的实现，完成一定功能行为的语句序列，可以有变量声明语句、赋值语句、调用其他方法的语句以及各种流程控制语句等。

如果方法体中的语句执行后，要返回一个结果，则必须使用 return 语句返回结果，且方法返回值类型必须与方法体中 return 语句后面的表达式类型一致。如果方法中没有返回值，则方法体中可以不用 return 语句，但是方法的返回值必须指定为 void 类型（空类型）。

方法中的参数和方法体中定义的变量都是局部变量，只能在方法体中使用。

2．调用方法

方法的定义说明了方法的名称、接受的参数类型和方法的功能。要实现某个方法的功能还必须调用该方法。

调用类方法时，对象名省略；实际参数表列出调用方法应该提供的入口参数，参数个数、类型、顺序必须与方法定义中参数列表中的参数一致，因次，为了区别，将方法定义中的参数称为形参，方法调用中的参数称为实参。方法调用的格式如下。

```
[对象名.] 方法名 ([实际参数表])
```

方法调用的形式有两种：一种是将方法调用作为一个表达式语句，如任务 2.2 源代码中的第 75、第 77 行语句 System.out.println("录入信息失败！");returnMenu(); 对于这种没有返回值的方法必须这样调用。另一种方法调用作为一个表达式或表达式的一部分，主要针对有返回值的方法。

3. main () 方法

在 Java 中，main()方法是 Java 应用程序的入口方法，它是由 Java 虚拟机自动调用的，程序执行的时候，第一个执行的方法是 main()方法，这个方法和其他方法有很大的不同，如方法的名称必须是 main，方法必须是 public static void 类型的，方法必须接受一个字符串数组的参数等。

因为 main()方法是由 Java 虚拟机调用的，所以必须为 public（公共类型），虚拟机调用 main()方法时不需要产生任何对象，因而 main()方法声明为 static（静态），且不需要返回值，所以声明为 void。

main()方法中必须有一个输入参数，类型为 String[]，这个是 Java 的规范，根据习惯，这个字符串数组的名称一般和 Java 规范中的 main()参数名保持一致，命名为 args。字符串数组的作用是接受命令行输入参数，命令行的参数之间用空格隔开。

当一个类中有 main()方法时，执行命令"java 类名"会启动虚拟机执行该类中的 main()方法。

2.2.3 字符串对象

Java 语言中把字符串当作对象进行处理。在 Java.lang 包中有两种字符串类型：String 类型（字符串类型）与 StringBuffer 类型（字符串缓冲类型）。注意：String 类型并非 Java 中的基本类型，而是 Java.lang 包中的（字符串）类，属于引用类型。

String 类是字符串常量，是不可更改的常量。StringBuffer 类是字符串变量，是一个可变的字符序列，它的对象是可以扩充和修改的。当程序中出现了字符串常量，系统将自动为其创建一个 String 对象，这个创建过程是隐含的。对于字符串变量，在使用之前要用 String 声明，并进行初始化。

String 类和 StringBuffer 类的主要区别：String 是不可变的对象，每次对 String 类型内容进行改变时，等同于生成了一个新的 String 对象，将指针指向新的 String 对象。使用 StringBuffer 类是对 StringBuffer 对象本身进行操作，而不是生成新的对象。所以，对于字符串对象内容经常改变的，最好不要用 String 类型，一般情况下推荐使用 StringBuffer 类型。

1. String 类

String 类对象表示字符串常量。创建 String 字符串最简单的方法就是使用字符串文本。要声明的字符串文本必须使用双直引号（"）字符。String 类位于 java.lang 包中，提供了多种操作字符串的方法。

（1）创建字符串对象

创建字符串对象有以下 2 种方式。

① 使用字符串对象常量。

```
String  str1="hello";
String  str2="Java 面向对象";
```

② 使用 new 创建字符串对象。

```
String  str1 = new String("hello");
String  str2 = new String("Java 面向对象");
```

（2）String 类的常用方法

String 类的常用方法如表 2-11 所示。

表 2-11　String 类的常用方法

方法	功能
public int length()	返回此字符串的长度
public char charAt(int index)	返回指定索引处的 char 值
public String concat(String str)	将当前字符串与 str 连接，返回连接后的字符串
Public　boolean isEmpty()	判断字符串是否为空，如果 length()为 0，则返回 true；否则返回 false
public int compareTo(String s)	比较两个字符串的字典顺序，如果相等，则返回 0，如果 s 大于当前字符串，则返回一个负值，如果 s 小于当前字符串，则返回一个正值
public boolean equals(Object　o)	比较两个字符串对象，相等则返回 true;否则返回 false，考虑大小写
public boolean equalsIgnoreCase(String str)	比较两个字符串对象，相等则返回 true;否则返回 false 不考虑大小写
public boolean endsWith(String suffix)	测试此字符串是否以指定的后缀结束
public boolean startsWith(String prefix)	测试此字符串是否以指定的前缀开始
public int indexOf(int ch)	搜索第一个出现的字符 ch
public int indexOf(String value)	搜索第一个出现的字符串 value
public int lastIndexOf(int ch)	搜索最后一个出现的字符 ch
public int lastIndexOf(String value)	搜索最后一个出现的字符串 value
public String substring(int index)	提取从位置索引开始的字符串部分
public String substring(int beginindex, int endindex)	提取 beginindex 和 endindex 之间的字符串部分
public String trim()	返回一个前后不含任何空格的调用字符串的副本
public String toUpperCase()	String 中的所有字符都转换为大写
public String toLowerCase()	使用默认语言环境的规则将此 String 中的所有字符都转换为小写

【例 2-9】判断字符串是否为空。

```
public class StringAPIDemo {
    public static void main(String[] args) {
```

```
        String s1="";
        String s2="java";
        System.out.println(s1.isEmpty());      //返回true
        System.out.println(s2.isEmpty());      //返回false
    }
}
```

【例 2-10】字符串的连接。

```
public class StringAPIDemo {
    public static void main(String[] args) {
        String s1="abc";
        String s2="def";
        System.out.println(s1.concat(s2));          //输出：abcdef
    }
}
```

【例 2-11】比较两个字符串。

```
public class StringAPIDemo1 {
    public static void main(String[] args) {
        String str1 = "abcd";
        String str2 = "Abcd";
        System.out.println("str1是否等于str2:"+str1.equals(str2));
            //显示false，表示两个字符不相同，考虑大小写
        System.out.println("str1是否等于str2:"+str1.equalsIgnoreCase(str2));
            //显示true，表示两个字符相同，不考虑大小写
    }
}
```

2. StringBuffer 类

StringBuffer 类对象表示字符串变量。StringBuffer 类型存入的字符串可以改变，如果字符串内容经常改变，则使用 StringBuffer 类型。与 String 字符串创建的不同，StringBuffer 对象只能使用 new 操作符创建。

String Buffer 类的语法格式如下。

```
StringBuffer 字符串名称 = new StringBuffer（<参数序列>）
```

例如：

```
StringBuffer sb = new StringBuffer();
StringBuffer sb = new StringBuffer("aaa");
```

String Buffer 类的常用方法如表 2-12 所示。

表 2-12　StringBuffer 类的常用方法

方法	功能
public StringBuffer append(boolean b)	将指定的字符串追加到当前 StringBuffer 对象的末尾
public StringBuffer insert(int offset, boolean b)	在 StringBuffer 对象中插入内容，形成新字符串
public StringBuffer deleteCharAt(int index)	删除指定位置的字符，形成新的字符串
public StringBuffer reverse()	将 StringBuffer 对象中的内容反转，形成新的字符串

2.2.4　Scanner 类

Jdk 5.0 新增加了 Scanner 类，Scanner 是一个可以使用正则表达式来解析基本类型和字符串简单文本的输入数据类。此类存放于 java.util 包中。在 Scanner 类中提供了一个可以接收 InputStream 类型的构造方法，表示只要是字节输入流的子类都可以通过 Scanner 类进行方便的读取。

1. Scanner 类的构造方法

public Scanner(InputStream source)　从指定的字节输入流中接收内容

java.lang. System 类提供 3 种有用的标准流。System.in 是标准输入流，System.out 是标准输出流，System.err 是标准出错流。利用 java.util.Scanner 类结合 System.in，Scanner 类的对象通过 next()系列方法将文本标识转换成不同类型的值，允许用户通过标准流实现对指定数据的输入。

2. Scanner 类的常用方法

public String next()　接受字符型数据

public int nextInt()　接受整型数据

public float nextFloat()　接受浮点型数据

例如：

```
Scanner scanner =new Scanner(System.in);//创建一个 Scanner 的对象 scanner
String StuName = input.next ();    // 从键盘输入一个字符串
```

技能训练

在项目工程 superMarketManager 中，实现以下功能。

● 定义一个菜单类，类名为 Menu ，该类中有 3 个显示对应子菜单的方法，即登录菜单的 showLoginMenu()方法、主菜单的 showMainMenu()方法，以及会员信息管理菜单的 showCustMenu()方法。

● 定义一个启动菜单类，类名为 startMenu，该类中仅有一个 main 方法在此方法中调用菜单类 Menu 中的 3 个方法实现登录菜单、主菜单、会员信息管理菜单之间的切换。

任务 2.3　会员信息的更新

任务目标

1. 能使用循环语句与 if 语句实现会员信息的更新。
2. 能使用数组实现会员信息的存取。
3. 能使用 break 语句实现循环结构的控制。
4. 理解类与对象的含义。
5. 会定义类和创建对象。

任务分析

本任务实现会员信息管理模块中的添加、修改、查询、显示等功能，即编写添加会员信息的 add()方法、修改会员信息的 modify()方法、查询会员信息的 search()方法和显示会员信息的 show()方法。在任务 2.2 的基础上，首先使用循环语句实现多名会员信息的添加，然后使用数组实现多名会员信息的存储与显示，最后使用数组与循环语句实现会员信息的修改及查询功能。

实现过程

首先修改任务 2.2 中会员管理类 CustManager 中 add()方法的功能，使用 do…while 循环语句实现会员信息的多次添加功能，直到输入"no"结束添加信息功能。代码如下。

```java
/*添加会员信息*/
public void add(){
    System.out.println("\n易家购物管理系统 > 会员信息管理 > 添加会员信息\n");
    Scanner input = new Scanner(System.in);
    String answer="yes ";
    do {
        System.out.print("请输入会员卡号(<5位整数>): ");
        int custNo = input.nextInt();
        System.out.print("请输入会员生日（月/日<用两位数表示>): ");
        String custBirth = input.next();
        System.out.print("请输入积分: ");
        int custScore = input.nextInt();
        System.out.print("\n还需要添加会员吗？ (yes/no): ");
        answer = input.next();
```

```
        }while ( answer.equals("yes"));
    returnMenu();                    //返回会员管理菜单
}
```

运行结果如图 2.6 所示。

易家购物管理系统 > 会员信息管理 > 添加会员信息

请输入会员卡号(<5位整数>)：12347
请输入会员生日（月/日<用两位数表示>）：02/04
请输入积分：2500

还需要添加会员吗？(yes/no)：yes
请输入会员卡号(<5位整数>)：12348
请输入会员生日（月/日<用两位数表示>）：03/11
请输入积分：2600

还需要添加会员吗？(yes/no)：yes
请输入会员卡号(<5位整数>)：12349
请输入会员生日（月/日<用两位数表示>）：03/16
请输入积分：2800

还需要添加会员吗？(yes/no)：no
按 0 返回菜单

图 2.6　添加多名会员信息的运行结果

虽然使用 do…while 语句可以实现多条信息的添加，但是简单变量内存中存放的只是最后一次赋值的内容，存储一组相同类型的数据，保存每一次添加的相同类型的数据，并随时可以浏览查询，这就是数组的作用。

步骤一：创建一个数据类 Data，该类中有 3 个成员变量和一个成员方法。成员变量就是这个类的属性，即使用整型数组与字符串声明会员属性，分别存放会员卡号、会员生日、会员积分。定义了一个成员方法 init()，对成员变量赋初值。

```
public class Data {
    /*会员属性信息*/
        int[] custNo = new int[100];                //会员卡号
        String[] custBirth = new String[100];       //会员生日
        int[] custScore = new int[100];             //会员积分
    /*初始化数据*/
    public void init(){
        custNo [0] = 12346;         //会员1
        custBirth[0] = "01/12";
        custScore[0] = 2300;
        custNo [1] = 12347;         //会员2
        custBirth[1] = "08/21";
        custScore[1] = 2400;
    }
```

```
}
```

步骤二：完善 CustManager 会员管理类，创建一个 Data 数据类对象 data，该对象也具有会员卡号、会员生日、会员积分等属性与初始化数据的方法。完善 add()方法，利用循环语句与 if 语句判断 data 对象的会员卡号是否为 0，确定会员信息插入位置，将从键盘输入的信息添加到数组中。

```
Data data = new Data();   // 创建一个数据类对象
public void add(){
    System.out.println("\n易家购物管理系统 > 会员信息管理 > 添加会员信息\n");
    String answer="yes ";
    do {
            Scanner input = new Scanner(System.in);
            System.out.print("请输入会员卡号(<5位整数>): ");
            int no = input.nextInt();
            System.out.print("请输入会员生日（月/日<用两位数表示>): ");
            String birth = input.next();
            System.out.print("请输入积分: ");
            int score = input.nextInt();

            int index = -1; // 记录插入位置的下标
            for(int i = 0; i< data.custNo.length; i++){
            if(data.custNo[i] == 0){  //查找第一个空位（元素默认值为0）
                index = i;  //记录元素下标
                break;}
        }
            data.custNo[index] = no;                    //添加会员卡号
            data.custBirth[index] = birth;              //添加会员生日
            data.custScore[index] = score;             //添加会员积分
            System.out.println("添加成功");
            System.out.print("\n还需要添加会员吗?  (yes/no): ");
            answer = input.next();
            }while ( answer.equals("yes"));
            startCustMenu();  // 返回会员管理菜单
        }
```

程序中的 data.custNo.length 是 data.custNo 数组的长度，data.custNo[index]表示下标为 index 的数组元素。

步骤三：编写显示所有会员信息的方法 show()，利用 **for** 与 **if** 循环语句控制显示数组中存放的所有元素，实现所有会员信息的显示功能。

```
public void show(){
    System.out.println("易家购物管理系统 > 会员信息管理 > 显示所有会员信息\n\n");
```

51

项目二 流程功能设计

```
    System.out.println("  会员卡号              会员生日              积分     ");
    System.out.println("------------------|--------------------|------------
---");
    int length = data.custNo.length;
    for (int i = 0; i < length; i++) {
        if (data.custNo[i] == 0) {
            break;  }
        System.out.println(data.custNo[i] + "\t\t" + data.custBirth[i] + "\t\t"
+ data.custScore[i]);
    }
    startCustMenu();
}
```

步骤四：编写查询会员信息的方法 search()，使用 for 循环语句遍历数组，根据输入的会员卡号判断与数组中存储的卡号是否匹配，如果匹配，则显示数组元素中存储的数据信息，退出循环。

```
public void search(){
    System.out.println("\n易家购物管理系统 > 会员信息管理 > 查询会员信息\n");
    Scanner input = new Scanner(System.in);
    System.out.print("请输入会员卡号(<5位整数>)：");
    int no = input.nextInt();
    System.out.println("  会员号              生日              积分     ");
    System.out.println("--------------|----------------|----------------");
    int index = -1;
    for(int i = 0; i <data. custNo.length; i++){
        if(data.custNo[i] == no){
            System.out.println(data.custNo[i] + "\t\t" + data.custBirth[i]+"\t"
+ data.custScore[i]);
            break;
        }
    }
    startCustMenu();  //返回会员管理菜单
}
```

步骤五：编写查询会员信息的方法 modify()，使用 for 循环语句遍历数组，根据输入的会员卡号判断与数组中存储的卡号是否匹配，如果匹配，则记录数组元素下标，退出循环。根据要求选择修改会员生日或会员积分。

```
public void modify(){
    System.out.println("\n易家购物管理系统 > 会员信息管理 > 修改会员信息\n");
    Scanner input = new Scanner(System.in);
    System.out.print("请输入会员卡号(<5位整数>)：");
```

```
    int no = input.nextInt();
    int index = -1;
    for(int i = 0; i <data.custNo.length; i++){
        if(data.custNo[i] == no){
            index = i;
            break;
        }
    }
    if(index !=-1){
        System.out.println("* * * * * * * * * * * * * * * * * * * * * * * * * * * *
*\n");
        System.out.println("\t\t1.修 改 会 员 生 日.\n");
        System.out.println("\t\t2.修 改 会 员 积 分.\n");
        System.out.println("* * * * * * * * * * * * * * * * * * * * * * * * * * * *
*\n");
        System.out.print("请选择，输入数字：");
        switch(input.nextInt()){
          case 1:
                System.out.print("请输入修改后的生日：");
                data.custBirth[index] = input.next();
                System.out.println("生日信息已更改! ");
                break;
          case 2:
                System.out.print("请输入修改后的会员积分：");
                data.custScore[index] = input.nextInt();
                System.out.println("会员积分已更改! ");
                break;
        }
    }
    startCustMenu();  //返回会员管理菜单
}
```

CustManager 程序完整的源代码如下。

```
1 import java.util.Scanner;
2 public class CustManager {
3   Data data = new Data();    // 创建一个数据类对象
4   public void setData() {
5       data.init();
6   }
7
```

```
8    /**
9     * 显示会员信息管理菜单
10    */
11   public void startCustMenu(){
12       System.out.print("\n易家购物管理系统 > 会员信息管理 \n");
13       System.out.print("\t* * * * * * * * * * * * * * * * * * * * *
* * * * * \n");
14       System.out.println("\t\t 1. 添 加 会 员 信 息\n");
15       System.out.println("\t\t 2. 修 改 会 员 信 息\n");
16       System.out.println("\t\t 3. 查 询 会 员 信 息\n");
17       System.out.print("\t\t 4. 显 示 所 有 会 员 信 息\n");
18       System.out.print("\t* * * * * * * * * * * * * * * * * * * * *
* * * * * \n");
19       System.out.print("请输入数字（1~4）或 按0返回菜单: ");
20       Scanner input = new Scanner(System.in);
21       int no = input.nextInt();
22       switch(no)
23       {
24           case 1:
25                   add();    break;
26           case 2:
27                   modify(); break;
28           case 3:
29                   search();  break;
30           case 4:
31                   show();   break;
32           default:
33                   System.out.println("返回主菜单\n");
34           }
35       }
36
37       /**
38        * 返回会员信息菜单
39        */
40       public void returnMenu() {
41           Scanner input = new Scanner(System.in);
42           System.out.print(" 按 0 返回菜单: ");
43           if (input.nextInt() == 0) {
44                   startCustMenu() ; }
```

```
45              else
46             {
47                    System.out.println("输入错误，异常终止！");          }
48          }
49
50    /**
51     * 显示会员信息
52     */
53    public void show(){
54        System.out.println("易家购物管理系统 > 会员信息管理 > 显示所有会员信息
\n\n");
55      System.out.println(" 会员号              生日              积分      ");
56
  System.out.println("---------------|-----------------|----------------");
57    int length = data.custNo.length;      // 获得数组长度
58    for (int i = 0; i < length; i++) {       // 循环输出会员信息
59      if (data.custNo[i] == 0) {
60          break; }
61      System.out.println(data.custNo[i] + "\t\t" + data.custBirth[i] + "\t\t"
+ data.custScore[i]);
62    }
63    startCustMenu();
64  }
65
66      /**
67       * 添加会员信息
68       */
69    public void add(){
70    System.out.println("\n易家购物管理系统 > 会员信息管理 > 添加会员信息\n");
71    String answer="yes ";
72    do {
73        Scanner input = new Scanner(System.in);
74        System.out.print("请输入会员卡号(<5位整数>): ");
75        int no = input.nextInt();
76        System.out.print("请输入会员生日（月/日<用两位数表示>): ");
77        String birth = input.next();
78        System.out.print("请输入积分: ");
79        int score = input.nextInt();
80        int index = -1; // 记录插入位置的下标
```

```
81      for(int i = 0; i< data.custNo.length; i++){
82          if(data.custNo[i] == 0){   //查找第一个空位（元素默认值为0）
83          index = i;   //记录元素下标
84          break;}
85      }
86    data.custNo[index] = no;                    //添加会员卡号
87    data.custBirth[index] = birth;              //添加会员生日
88    data.custScore[index] = score;              //添加会员积分
89    System.out.println("添加成功");
90     System.out.print("\n还需要添加会员吗？ (yes/no)：");
91     answer = input.next();
92     }while ( answer.equals("yes"));
93  startCustMenu();  //   //返回会员管理菜单
94  }
95
96     /**
97      * 查询会员信息
98      */
99  public void search(){
100    System.out.println("\n易家购物管理系统 > 会员信息管理 > 查询会员信息\n");
101    Scanner input = new Scanner(System.in);
102    System.out.print("请输入会员卡号(<5位整数>)：");
103    int no = input.nextInt();
104    System.out.println("  会员号              生日              积分      ");

105 System.out.println("---------------|-----------------|----------------");
106    int index = -1;
107    for(int i = 0; i <data. custNo.length; i++){
108       if(data.custNo[i] == no){
109          System.out.println(data.custNo[i] + "\t\t" +
data.custBirth[i]+"\t" + data.custScore[i]);
110          index = i;
111          break;
112       }
113    }
114    startCustMenu();   //返回会员管理菜单
115 }

116 /**
```

```java
117  *  修改会员信息
118  */
119 public  void  modify(){
120    System.out.println("\n易家购物管理系统 > 会员信息管理 > 修改会员信息\n");
121    Scanner input = new Scanner(System.in);
122    System.out.print("请输入会员卡号(<5位整数>): ");
124    int no = input.nextInt();
125    int index = -1;
126      for(int i = 0; i <data. custNo.length; i++){
127          if(data.custNo[i] == no){
128             index = i;
129              break;
130          }
131      }
132      if(index !=-1){
134          System.out.println("* * * * * * * * * * * * * * * * * * * * *
* * * *\n");
135          System.out.println("\t\t1.修 改 会 员 生 日.\n");
136          System.out.println("\t\t2.修 改 会 员 积 分.\n");
137          System.out.println("* * * * * * * * * * * * * * * * * * * * *
* * * *\n");
138          System.out.print("请选择, 输入数字: ");
139          switch(input.nextInt()){
140          case 1:
141              System.out.print("请输入修改后的生日: ");
142              data.custBirth[index] = input.next();
143              System.out.println("生日信息已更改! ");
144               break;
145          case 2:
146              System.out.print("请输入修改后的会员积分: ");
147              data.custScore[index] = input.nextInt();
148              System.out.println("会员积分已更改! ");
149              break;
150          }
151   }
152   startCustMenu();   //返回会员管理菜单
153 }

154   /**
```

```
155    * 入口程序
156    *
157    * @param args
158    */
159   public static void main(String[] args) {
160      CustManager   cust =new CustManager();
161      cust.setData();  // 加载数据
162      cust.startCustMenu();  //调用会员管理菜单
163      }
164}
```

运行会员信息管理程序，选择菜单项分别执行，其运行结果如下。

易家购物管理系统 > 会员信息管理

　　＊ ＊

　　　　1. 添 加 会 员 信 息

　　　　2. 修 改 会 员 信 息

　　　　3. 查 询 会 员 信 息

　　　　4. 显 示 所 有 会 员 信 息

　　＊ ＊

请输入数字（1~4）或 按0返回菜单：1

易家购物管理系统 > 会员信息管理 > 添加会员信息

请输入会员卡号(<5位整数>)：12348
请输入会员生日（月/日<用两位数表示>)：01/13
请输入积分：2400
添加成功

还需要添加会员吗？ (yes/no)：yes
请输入会员卡号(<5位整数>)：12349
请输入会员生日（月/日<用两位数表示>)：02/21
请输入积分：3800
添加成功

还需要添加会员吗？ (yes/no)：no

易家购物管理系统 > 会员信息管理

```
 *  *  *  *  *  *  *  *  *  *  *  *  *  *  *  *  *  *  *  *  *
       1. 添 加 会 员 信 息

       2. 修 改 会 员 信 息

       3. 查 询 会 员 信 息

       4. 显 示 所 有 会 员 信 息
 *  *  *  *  *  *  *  *  *  *  *  *  *  *  *  *  *  *  *  *  *
```
请输入数字（1~4）或 按0返回菜单：2

易家购物管理系统 > 会员信息管理 > 修改会员信息

请输入会员卡号(<5位整数>)：12348
```
 *  *  *  *  *  *  *  *  *  *  *  *  *  *  *  *  *  *  *  *


       1.修 改 会 员 生 日.


       2.修 改 会 员 积 分.


 *  *  *  *  *  *  *  *  *  *  *  *  *  *  *  *  *  *  *  *
```
请选择，输入数字：1
请输入修改后的生日：02/14
生日信息已更改！

易家购物管理系统 > 会员信息管理
```
 *  *  *  *  *  *  *  *  *  *  *  *  *  *  *  *  *  *  *  *  *
       1. 添 加 会 员 信 息

       2. 修 改 会 员 信 息

       3. 查 询 会 员 信 息

       4. 显 示 所 有 会 员 信 息
 *  *  *  *  *  *  *  *  *  *  *  *  *  *  *  *  *  *  *  *  *
```
请输入数字（1~4）或 按0返回菜单：3

易家购物管理系统 > 会员信息管理 > 查询会员信息

请输入会员卡号(<5位整数>)：12345

会员号	生日	积分
12345	01/12	5300

易家购物管理系统 > 会员信息管理

```
* * * * * * * * * * * * * * * * * * * * * * * * * * * *
        1. 添 加 会 员 信 息

        2. 修 改 会 员 信 息

        3. 查 询 会 员 信 息

        4. 显 示 所 有 会 员 信 息
* * * * * * * * * * * * * * * * * * * * * * * * * * * *
```

请输入数字（1~4）或 按0返回菜单：4

易家购物管理系统 > 会员信息管理 > 显示所有会员信息

会员卡号	会员生日	积分
12345	01/12	5300
12346	08/21	2400
12348	02/14	2400
12349	02/21	3800

易家购物管理系统 > 会员信息管理

```
* * * * * * * * * * * * * * * * * * * * * * * * * * * *
        1. 添 加 会 员 信 息

        2. 修 改 会 员 信 息

        3. 查 询 会 员 信 息

        4. 显 示 所 有 会 员 信 息
* * * * * * * * * * * * * * * * * * * * * * * * * * * *
```

请输入数字（1~4）或 按0返回菜单：0

返回主菜单

技术要点

1．do…while 语句

do…while 语句实现 "直到型"循环结构。它先执行循环体，循环体执行完毕后，求布尔表达式的值，如果为 True，则再执行循环体；循环体执行完毕后，重新求布尔表达式的值，如果还为 True，则又执行一遍循环体。重复这个过程，直到布尔表达式的值为 False， 退出 do…while 循环的执行，将程序的控制权转移到 do…while 循环后面的语句。

在 add()方法中，do…while 语句先执行从键盘输入会员信息语句的循环体，接着判断循环变量 answer 的值与"yes"是否匹配，由于 answer 的值是"yes"，所以布尔值为 True，再执行循环体，接着判断循环变量 answer 的值与"yes"是否匹配，由于输入的是"no"，与"yes"不匹配，布尔值为 False，所以退出 do…while 循环。

2．equals 方法

equals 方法在任务 2.2 的拓展知识中介绍过了，它是 String 类的常用方法之一。

Public boolean equals(Object o)：用于比较两个字符串对象，相等则返回 true；否则返回 false。equals()方法的比较原理如图 2.7 所示。

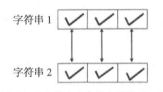

检查组成字符串内容的字符是否一致

图 2.7　equals()方法的比较原理

equals 方法考虑字符的大小写。例如，yes 与 Yes 这两个字符串不相等。

3．数组

Java 的数组是一种复合数据类型（引用类型），数组名代表一个地址应用。数组中的元素可以是基本数据类型，也可以是对象引用类型，不管数组元素是何种类型，数组本身都是对象。数组与类一样，运算符 new 的作用是分配内存空间，因此也要通过声明、分配内存及赋值后，才可以使用。

Java 中使用类型后面跟方括号表示数组类型，例如，**int[]** custNo；声明了一个 int 类型的数组，数组名是 custNo。例如：

```
int[] custScore = new int[100];
```

说明定义了一个整型数组 custScore，该数组包含 100 个元素引用数组中的各个元素是通过数组名后面跟方括号，在方括号中用整型表达式指明该数组元素在有序序列中的位置（通常称为数组元素的下标），一般数组元素下标都是从 0 开始，第一个数组元素表示为 custScor[0]。使用数组的 length 属性可以得到数组元素的个数，即数组的长度。

4．类与对象

Java 中的"类"就是一组成员变量和相关方法的集合，类中的变量是核心，它们通过类中的方法来操纵。类就是变量和相关方法的集合，其中变量表明对象的状态，方法表明对象所具有的行为。当用户创建一个 Java 程序时，可以通过类声明来定义类，然后使用类来创建需要的对象。类声明用来创建模板的抽象规格说明。在 Java 中，定义类的语法格式如下。

```
class 类名{
//类中的代码

}
```

第一行为类的声明。两个花括号之间的为类体，类体中可以包含成员变量或成员方法。

Java 程序定义类的最终目的是使用它，像使用系统类一样，程序也可以继承用户自定义类或创建并使用自定义类的对象。因此，可以利用类创建对象，即实例化对象，使用 new 关键字即可。

创建对象的语法格式如下。

```
类名 对象名 = new 构造方法（参数）；
```

new 是新建对象运算符。它以类为模板，开辟空间并执行相应的构造方法。调用该对象需要使用点运算符"."连接需要的属性与方法。

在任务 2.1 中编写了一个 Pay 类，该类中只有 main()方法，实现购物结算功能。在任务 2.2 编写的 CustManager 类中，设计几个成员方法，在 main()方法中创建一个对象 cust，调用对象 cust 的成员方法，分别实现不同的功能。在任务 2.3 中设计一个数据类 Data，该类中没有 main() 方法，只有 3 个成员变量：会员卡号、会员生日、会员积分（custNo、custBirth 、custScore ）和一个成员方法 init()。在 CustManager 类中，创建了一个数据对象 data，该 data 对象也具有 custNo、custBirth 、custScore 三个属性和一个初始化数据的方法 setData()。通过 data 对象调用 add ()、search()、modify()、show()等方法实现信息的添加、查询、修改、显示功能。

拓展学习

2.3 数组、类与对象

2.3.1 循环结构

循环结构是能够在一定条件下使某段程序重复执行的结构，被重复执行的代码称为循环体。Java 的循环语句有 3 种：while、do…while 和 for 语句。循环结构的流程如图 2.8 所示，由以下 4 部分组成。

- 初始化。
- 条件判断。
- 循环体。
- 改变循环变量表达式条件真值的语句。

这是构成循环的 4 个必要组成部分。在进入循环之前，初始化部分用来设置条件表达式的初始值；条件判断用来确定是否执行循环；循环体是要重复执行的语句；改变循环条件真值的语句是循环能否正确执行的关键，对每一个循环都是必不可少的，它的作用是修改循环变量，改变循环条件，以便将循环条件一步步向终止方向趋近。

（1）while 语句。

其一般形式如下。

> while(循环条件表达式){
>
>   循环体语句 }

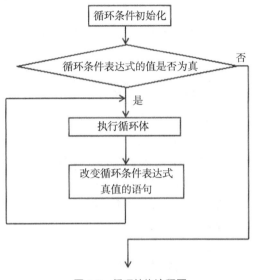

图 2.8　循环结构流程图

while 语句执行的流程是：当循环表达式的值为真时，执行循环体中的语句，每次执行循环体之后都要重新验证表达式的真值，直到表达式的值为假时退出循环。因此，while 语句实现了"当型"循环结构。

"当型"循环结构的特点是先判断表达式，再执行循环体。

【例 2-12】实现整数反转。

```
public class Example10{
    public static void main(String[ ] args) {
        int val = 12345;
        int r_digit;
        System.out.print("反转后的整数是: ");
        while(val!=0){
            r_digit = val %10;
            System.out.print(r_digit);
            val = val /10;
        }
```

（2）do...while 语句。

其一般形式如下。

> do{
>
>   循环体语句
>
> } while(循环条件表达式);

　　do…while 语句执行的流程是：先执行循环体，然后计算循环条件表达式，若表达式的值为真，则重复执行循环体，直到循环条件表达式为假，才终止循环结构。因此，do…while 语句实现了"直到型"循环结构。

　　"直到型"循环结构的特点是反复执行循环体，直到条件满足。

　　while 与 do…while 的区别似乎是后者比前者多执行一次循环体，但实际上，当循环条件表达式的值一开始就为假时，do…while 循环会执行一次，但是 while 循环并不执行，只有这时候两者才有区别。

　　（3）for 语句。

　　for 语句在本质上和 while 语句相同。其一般形式如下。

```
for(表达式1;表达式2;表达式3){
    循环体语句
}
```

◇　　表达式 1：一般进行循环变量的初始化。

◇　　表达式 2：是循环条件表达式，用于判断循环条件。

◇　　表达式 3：用来更新循环变量的值。

　　for 语句执行的流程如图 2.9 所示。

① 执行表达式 1，进行初始化循环变量。

② 执行表达式 2，判断循环条件。

③ 若循环条件的值为 true，则执行循环体语句。

④ 执行表达式 3，更新循环变量，再返回步骤②，形成循环。

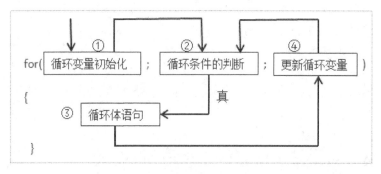

图 2.9　for 语句执行的执行流程

【例 2-13】用 3 种循环方式来表达 1+2+3+…+100 的循环相加过程。

```
public class Example11{
    public static void main(String[] args) {
        int sum,n;
        System.out.println("\n**** for语句****");
        sum=0;
        for( int i=1; i<=100; i++) {          // 初始化,循环条件,循环改变
            sum+=i;                           // 循环体
        }
        System.out.println("sum is "+sum);
```

```
System.out.println("\n**** while 语句 ****");
sum=0;
n=100;                    // 初始化
while( n>0 ){             // 循环条件
    sum+=n;              // 循环体
    n--;                 // 循环改变
}
System.out.println("sum is "+sum);

System.out.println("\n**** do_while 语句t ****");
sum=0;
n=0;                     // 初始化
do{
    sum+=n;              // 循环体
     n++;                // 循环改变
}while( n<=100 );        // 循环条件
System.out.println("sum is "+sum);
}
}
```

运行结果如下。

```
**** for语句****
sum is 5050

**** while 语句 ****
sum is 5050

**** do_while 语句t ****
sum is 5050
```

（4）跳转语句。

① break 语句。

break 语句的作用是使程序的流程从一个语句块内部跳转出来，如从 switch 语句的分支中跳出，或从循环体内部跳出，执行分支或循环体后面的语句。

② continue 语句。

continue 语句只能用于循环结构中，它有两种使用形式。它的作用是终止当前这一轮的循环，跳过本轮剩余的语句，直接进入当前循环的下一轮。

在 while 或 do...while 循环中，continue 语句会使流程直接跳转至条件表达式。在 for 循环中，continue 语句会跳转至表达式 3，计算修改循环变量后再判断循环条件。

【例 2-14】循环录入某学生 7 门课的成绩并计算平均分，如果录入的分数为负，则停止录入并提示录入错误。

```java
import java.util.Scanner;
public class Example12 {
    public static void main(String[] args) {
        int score; // 每门课的成绩
        int sum = 0; // 成绩之和
        int avg; // 平均分
        boolean wrong = true;
        Scanner input = new Scanner(System.in);
        System.out.print("输入学生姓名: ");
        String name = input.next(); // 输入姓名
        for (int i = 0; i < 7; i++)  {
            // 循环7次录入7门课成绩
            System.out.print("请输入7门功课中第" + (i + 1) + "门课的成绩: ");
            score = input.nextInt();
            if (score < 0) {
                wrong = false;
                break;  }
            sum = sum + score;
          }
        if (wrong) {
                avg = sum /7; // 计算平均分
                System.out.println(name + "的平均分是: " + avg);          }
        else {
                System.out.println("抱歉，分数输入错误，请重新进行输入! ");
          }
    }
}
```

【例2-15】循环录入 Java 课程的学生成绩，统计成绩大于等于 80 分的学生比例。

```java
import java.util.Scanner;
public class Example13 {
    public static void main(String[] args) {
        int score; // 成绩
        int total; // 班级总人数
        int num = 0; // 成绩大于或等于80分的人数
        Scanner input = new Scanner(System.in);
        System.out.print("输入班级总人数: ");
        total = input.nextInt(); // 输入班级总数
```

```
for (int i = 0; i < total; i++) {
System.out.print("请输入第" + (i + 1) + "位学生的成绩： ");
    score = input.nextInt();
    if (score < 80) {
        continue;  }
    num++;
  }
System.out.println("80分以上的学生人数是： " + num);
double rate = (double) num / total * 100;
System.out.println("80分以上的学生所占的比例为： " + rate + "%");
  }
}
```

2.3.2 数组

数组（array）是一种数据结构，其功能是存储相同类型变量的值，可以使用共同的名称引用它。数组可以被定义为任何类型，可以是一维或多维。数组是有序数据的集合，数组中的每个元素具有相同的数据类型，可以用一个统一的数组名和下标来唯一确定数组中的元素。

1. 一维数组

（1）数组的声明与创建。

数组中的元素可以是基本数据类型，也可以是对象引用类型。但不论其元素是何种类型，数组本身是对象，这是 Java 中数组不同于其他语言数组之处。

声明数组的语法格式如下。

数据类型 数组名[]   或   数据类型   []数组名

例如：

```
int [ ] score;
```

声明了一个整型数组 score，数组中的每个元素为整型数据。与 C 语言不同，Java 在数组定义中并不为数组元素分配内存，因此[]中不用指出数组中元素的个数（即数组长度），但必须为它分配内存空间，这时，要用到运算符 new，分配内存空间的语法格式如下。

数据类型   []数组名 = new 数据类型[数组大小]

例如，为一个整型数组 score 分配 3 个 int 型整数所占据的内存空间。

```
int [] score = new int[3];
```

（2）数组的初始化。

数组的初始化是指为数组中的元素赋初值。在 Java 中，数组的初始化主要包括默认初始化、利用循环初始化和枚举初始化。

① 默认初始化如表 2-13 所示。

表 2-13　不同数据类型数组的默认值

数据类型	默认值	数据类型	默认值
boolean	False	int	0
byte	0	long	0L
short	0	float	0.0F
char	\u0000	double	0.0

例如，为数组 num 分配 5 个数据空间，并初始化为 0。

```
int []num = new int[3];
```

② 枚举初始化也就是边声明边赋值。其语法格式如下。

类型[ ] 数组名=new 数组类型[ ]{第一个元素的值，第二个元素的值，……}

例如：

```
int[ ] score = {89, 79, 76};
int[ ] score = new int[ ]{89, 79, 76};
```

③ 利用循环初始化，可以动态地从键盘录入信息并赋值。例如：

```
int  score[i]=new int[50];
Scanner input = new Scanner(System.in);
for(int i = 0; i < 30; i ++){
    score[i] = input.nextInt();
}
```

（3）数组的引用

当定义了一个数组，并用运算符 new 为其分配内存空间后，可以引用数组中的每一个元素。数组元素的引用方式如下。

数组名 [下标]

数组下标可以为整型常数或表达式，如 a[3]、b[i](i 为整型)、c[6*i]等。下标从 0 开始，一直到数组的长度减 1。Java 要对数组元素进行越界检查以保证安全性。同时，每个数组都用 length 属性指明其长度，例如，score.length 指明数组 score 的长度。

（4）数组的应用举例。

【例 2-16】从键盘输入 Java 考试 10 位学生的成绩，求考试成绩的平均分。

```
import java.util.Scanner;
public class Example14{
    public static void main(String[] args) {
        // 声明变量
        int[] score = new int[10];
        int sum = 0;
        double avg;
        // 给数组动态赋值
```

```
        System.out.println("请依次录入学生成绩：");
        Scanner input = new Scanner(System.in);
        for (int index = 0; index < score.length; index++) {
            score[index] = input.nextInt());
        }
        // 计算平均值
        for (int index = 0; index < score.length; index++) {
            sum = sum + score[index];
        }
        avg = sum / score.length;
        // 显示输出结果
        System.out.println("信息12E1班Java测试成绩平均分是： " + avg);
    }
}
```

【例 2-17】从键盘输入 Java 考试 10 位学生的成绩，求考试成绩最高分。

```
import java.util.Scanner;
public class Example15{
    public static void main(String[] args) {
        // 声明变量
        int[] score = new int[10];;
        int max;
        // 循环给数组赋值
        System.out.println("请依次录入10位学生的Java成绩:");
        Scanner sc = new Scanner(System.in);
        for (int i = 0; i < 10; i++) {
            score[i] = sc.nextInt();
        }
        // 计算成绩最大值
        max = score[0];
        for (int index = 1; index <10; index++) {
            if (score[index] > max) {
                max = score[index];
            }
        }
        // 显示最大值
        System.out.println("本次考试的十位学生的最高分是： " + max);
    }
}
```

【例 2-18】从键盘输入 Java 考试 10 位学生的成绩，求考试成绩最低分。

```
import java.util.Scanner;
public class Example16{
    public static void main(String[] args) {
        // 声明变量
        int[] score = new int[10];
        int min;
        // 循环给数组赋值
        System.out.println("请依次录入10学生的Java成绩:");
        Scanner sc = new Scanner(System.in);
        for (int i = 0; i < 10; i++) {
            score[i] = sc.nextInt();
        }
        // 计算成绩最小值
        min = score[0];
        for (int index = 1; index <10; index++) {
            if (score[index] <min) {
                min= score[index];
            }
        }
        // 显示最小值
        System.out.println("本次考试的十位学生的最高分是: " + min);
    }
}
```

（5）数组的常用操作。

java.util.*包提供了许多存储数据的结构和有用的方法，Arrays 类提供许多操纵数组的方法，具体方法参照 Java API。

Arrays 类的 sort()方法：对数组进行升序排列。

Arrays 类的 binarySearch()方法：查找数组中的指定元素。

Arrays 类的 equals()方法：比较数组中的整体元素。

Arrays 类的 arraycopy()方法：数组拷贝。

【例 2-19】任意录入 10 位学生的成绩，进行升序排列后输出结果。

```
import java.util.Arrays;
import java.util.Scanner;
public class Example17{
    public static void main(String[] args) {
        int[] score = new int[10];
        Scanner input = new Scanner(System.in);
        System.out.println("请输入10位学生的成绩: ");
        for (int i = 0; i <10; i++) {
```

```
        score[i] = input.nextInt(); // 依次录入10位学生的成绩
    }
    Arrays.sort(score); // 对数组进行升序排列
    System.out.println("学员成绩按升序排列");
    for (int index = 0; index < score.length; index++) {
        System.out.println(score[index]); // 顺序输出目前数组中的元素
    }
  }
}
```

2. 多维数组

Java中的多维数组被看作数组的数组。例如，二维数组为一个特殊的一维数组，其每个元素又是一个一维数组。下面以二维数组为例进行说明，高维数组的情况类似。

（1）二维数组的声明与创建。

声明二维数组的语法格式如下。

> 数据类型 数组名[][]

与一维数组一样，也没有为数组元素分配内存空间，同样要使用运算符 new 来分配内存，然后才可以访问每个元素。

例如，定义一个整型数组 score。

```
int score[][]= new int[2][3];
```

（2）二维数组元素的引用。

引用二维数组中每个元素的语法格式如下。

> 数组名[index1][index2]

其中，index1、index2 为下标，可为整型常数或表达式，如 a[2][3]等。同样，每一维的下标都从 0 开始。

（3）二维数组的初始化。

二维数组的初始化有以下两种方式。

① 直接对每个元素进行赋值。

② 在定义数组的同时进行初始化。例如，int a[][] = {{2,3}, {1,5}, {3,4}};

（4）二维数组的应用举例。

【例 2-20】两个矩阵相乘，矩阵 $A_{m×n}$、 $B_{n×l}$ 相乘得到 $C_{m×l}$，每个元素 $C_{ij} = \Sigma a_{ik} × b_{kj}$ ($i=1,\cdots,m$, $n=1,\cdots,n$)。

```
public class Example18{
    public static void main( String args[ ] ){
        int i,j,k;
        int a[ ][ ]={ {2,3,5}, {1,3,7} };
        int b[ ][ ]={ {1,5,2,8},{5,9,10,-3},{2,7,-5,-18} };
        int c[ ][ ]=new int[2][4];
        for( i=0; i<2; i++ ){
```

```
        for( j=0; j<4; j++ ){
            c[i][j]-0;
            for( k=0; k<3; k++ ){
                    c[i][j]+=a[i][k]*b[k][j];
            }
        }
    }

System.out.println("\n*** Matrix A ***");
for( i=0; i<2; i++ ){
    for( j=0; j<3; j++ )
            System.out.print(a[i][j]+" ");
    System.out.println();
}

System.out.println("\n*** Matrix B ***");
for( i=0; i<3; i++ ){
    for( j=0; j<4; j++ )
        System.out.print(b[i][j]+" ");
    System.out.println();
}

System.out.println("\n*** Matrix C ***");
for( i=0; i<2; i++ ){
    for( j=0; j<4; j++ )
        System.out.print(c[i][j]+" ");
    System.out. println();
}
}
}
```

2.3.3　类与对象

　　万物皆对象，对象是一个能够看得到、摸得着的具体实体，如植物、动物、人类。对象的各种特征称为属性，每个对象的每个属性都拥有特定值，如张莉与王平的身高不一样；对象执行的操作称为方法。类是模板，是从对象抽象出来的，是对象的类型，确定对象将会拥有的特征（属性）和行为（方法）。类将现实世界中的概念模拟到计算机程序中。

　　类是 Java 程序的基本单位，类中包含属性和方法。除了属性声明语句外，所有其他语句（如赋值语句、方法调用语句、分支和循环等控制语句）都只能放在方法中。因此，实现一个类的各种行为语句序列必须放在方法中。

1. Java 中定义类的形式

```
public class  类名 {
        //定义属性部分
                属性 1 的类型 属性 1;
                属性 2 的类型 属性 2;
        ……
                属性 n 的类型 属性 n;
        //定义方法部分
                方法 1;
                方法 2;
        ……
                方法 m;
}
```

Java 中的类是对同一类型事物所共有的属性和行为进行抽象后，用变量描述类的属性，用方法描述行为，对变量进行操作。

2. 定义类中的方法

方法必须放在类中，表明该类的一些行为。Java 中方法定义的语法格式如下。

```
[修饰符]  返回值类型    方法名称([参数列表]){
   //  方法体
   }
```

说明：上面方法定义的开始部分称为方法头，其中修饰符和参数列表是可选的。对象、类和类的方法将在项目三中详细讲解。

【例 2-21】定义一个类 Mammal，描述宠物狗、宠物猫等这些不同的小动物，它们有许多相同的特征和行为:都有 4 条腿,一条尾巴，都有自己的语言。

```
public class Mammal {
    //定义动物的属性
    String  name;         // 动物名字
    String  language;      //动物的语言
    int     tailNo;        //尾巴
    int     legNo;         //腿

    // 定义动物的方法，用于输出类相关的信息
    public void getInfo() {
        String info = name+"它有" + tailNo + "条尾巴，"+legNo+"条腿, "+ "会
说:"+language;
        System.out.println(info);
    }
}
```

3. 创建对象和使用对象

在 Java 中创建类的对象的语法格式如下。

类名　对象名 = new 构造方法 ( )

例如：

```
custManager cust=new custManager();
 cust.add( );
```

等号左边以类名 custManager 作为变量类型定义了一个变量 cust，用于指向等号右边通过 new 关键字创建的一个 custManager 类的实例对象，变量 cust 就是一个对象，即 cust 是 Manager 类的实例化。使用对象的属性与方法，是通过圆点运算符来引用访问的，如 cust.add( )就是调用 custManager 类的方法。

注意：new 关键字后面的类名一定要跟括号 ( )，custManager()称为构造方法，在后续拓展知识中重点说明。

【例 2-22】创建一个小狗哈力克对象，将【例 2-21】中的 Mammal 类实例化，输出小狗哈力克的信息。

```
public class TestMammal {
    public static void main(String[] args) {
        Mammal  a=new Mammal();
        a.name="小狗哈力克";
        a.tailNo=1;
        a.legNo=4;
        a.language="汪汪";
        a.getInfo();
    }
}
```

技能训练

在项目工程 superMarketManager 中编写程序 Pay.java，完善任务 2.1 的功能，从键盘输入商品信息数据并存放在数组中，计算消费金额及购物获得的积分，并显示输出购物清单。

课后作业

一、思考题

1. Java 有哪些数据类型？
2. 什么是变量？如何使用变量？
3. 什么是条件结构？有哪几种条件语句？
4. 比较 switch 和多重 if 结构的差异。
5. 什么是循环结构？Java 有哪几种循环语句？
6. 简述 While 语句与 do...while 语句的区别。

7. 数组的使用步骤是什么？使用数组有哪些好处？

8. 什么是方法？如何定义方法？

9. 什么是类？什么是对象？两者的区别是什么？如何定义一个类？如何创建类的对象？

二、上机操作题

1. 编写程序，计算在银行存 10000 元一年后的金额，银行一年的定期利息是 3%。

2. 已知变量的初始值是 num1=25，num2=16，编写程序实现两数交换，即变量 num1 存放的数值是 16，变量 num2 存放的数值是 25。

3. 编写程序，判断从键盘输入的 3 位数是否是水仙花数，如 153、407（利用%与/两个运算符）。提示：153=1*1*1+5*5*5+3*3*3。

4. 编写程序，根据天数（88）计算周数和剩余的天数。提示：88/7= 11…4（利用%与/两个运算符）。

5. 编写程序找出 1000 以内的水仙花数。

6. 编写程序求 1000 以内不能被 3 整除的数之和。

7. 用户输入两个数 a、b，如果 a 能被 b 整除或 a 加 b 大于 1000，则输出 a，否则输出 b。

8. 使用 do…while 编写程序输出摄氏温度与华氏温度的对照表，要求从摄氏温度 0℃到 250℃，每隔 20℃为一项。 转换关系为华氏温度 = 摄氏温度 * 9 / 5.0 + 32

9. 一个数组的初始值为 16，14，21，11，23，344，12，编写程序实现以下功能。

（1）循环输出数组的值。

（2）求数组中所有数值的和。

（3）猜数游戏：从键盘中任意输入一个数据，判断数列中是否包含此数。

10. 编写 Student 类代表学生，该类的属性有学号、姓名、性别、所选课程，方法是显示学生个人信息。编写 Teacher 类代表教师，该类的属性有工号、姓名、性别、授教课程，方法是显示教师个人信息。编写测试类，分别输出学生和教师的信息。

项目三
面向对象程序设计

学习目标

● 最终目标：

能使用面向对象程序设计方法实现购物管理系统中的信息管理功能。

● 促成目标：

✧ 熟悉面向对象三大特征——封装、继承、多态。

✧ 理解构造方法的含义与作用。

✧ 理解基于继承的多态性（方法覆盖与方法重载）。

✧ 能使用封装编写类，会为类添加私有属性，使用 set/get 方法实现数据限制访问。

✧ 能编写构造方法，重载构造方法。

✧ 能使用继承的方式编写子类。

✧ 能使用多态的方式编写程序。

✧ 能使用 super 调用父类构造方法。

工作任务

子任务名称	任务描述
任务 3.1 会员信息类的创建	使用面向对象编程思想分析购物管理系统，该系统主要涉及超市员工、商品、会员等对象。创建会员信息类，该会员对象的属性包括卡号、姓名、性别、生日、电话等；操作包括设置和获取卡号、姓名、性别、生日、电话并输出这些相关信息等
任务 3.2 员工信息类的创建	员工分为普通员工、销售员、部门经理 3 种角色；所有员工的属性包括编号、姓名、性别、部门、基本工资、电话等，根据角色的不同，员工工资的计算方法也不同

任务 3.1　会员信息类的创建

任务目标

1. 理解面向对象的概念。
2. 理解封装的意义。
3. 能使用 public/private 关键字实现类成员的访问控制。
4. 能使用封装的方式编写类。
5. 能编写构造方法，重载构造方法。
6. 会使用 this 关键字，引用当前对象。
7. 能使用 setter/getter 方法访问属性。

任务分析

面向对象是把构成问题的事务分解成各个对象，建立对象的目的是描述某个事物在整个解决问题步骤中的行为。在面向对象（OOP）技术中，把问题看成是相互作用事物的集合，事物是用属性来描述，而通过方法对事物进行操作。事物在 OOP 中称为对象，属性称为数据成员，对象具有的功能称为对象的方法。

运用面向对象技术分析购物管理系统，该系统主要涉及超市员工、商品、会员等对象。商品对象的属性包括编号、名称、类型、单价、条形码、库存量等；操作包括设置和获取商品编号、名称、类型、单价、条形码、库存量等。会员对象的属性卡号、姓名、性别、生日、电话等；操作包括设置和获取卡号、姓名、性别、生日、电话。超市员工对象的属性包括工号、姓名、性别、年龄、职务等；操作包括设置和获取工号、姓名、性别、年龄、职务等。

本任务主要创建会员类，生成会员对象，并输出会员信息。

实现过程

步骤一： 打开 Eclipse 创建一个类，类名为 Customer。

```
/*
*创建一个Customer类
*/
public class Customer {


}
//该类的内容为空，下面为会员类添加属性与方法
```

步骤二： 创建会员类的属性，即成员变量。

会员的卡号、姓名、性别、生日、电话等属性，在类中以成员变量的形式表示出来。

```
   /*  定义Customer类的成员变量  */
    String   customerID  ;
    String   name;
    String   sex;
    String   birthday;
    String   telephone;
```

步骤三： 创建会员的动态特征，即成员方法。

```
   /*  定义Customer类的成员方法
    * 即定义类的toString()方法，用于输出类相关的信息
    *  */
```

```java
public String toString() {
        return    "\n会员卡号: " +customerID + "\n姓名:  " + name + "\n性别: " + sex
+    "\n生日: " +birthday+  "\n电话: " + telephone  ;
    }
```

步骤四： 创建 main()主方法。

```java
    /*
     * main()方法是Java应用程序的入口方法
     */
    public static void main(String arg[]){
        /*实例化变量，即创建对象*/
        Customer cust =new  Customer();
        /*使用"对象名.属性"形式给类属性赋值 */
        cust.customerID="000001";
        cust.name ="王丽";
        cust.sex="女";
        cust.birthday ="04/14";
        cust.telephone ="13213678290";
        /* 使用"对象名.方法名()"形式调用类的方法*/
        System.out .println ( cust.toString( ) );
    }
```

源代码 Customer.java 如下。

```java
1 public class Customer {
2   /*  定义Customer类的成员变量   */
3    String   customerID  ;
4    String   name;
5    String   sex;
6    String   birthday;
7    String   telephone;
```

```
8      /*   定义Customer类的成员方法
9       * 即定义类的toString()方法，用于输出类相关的信息
10     */
11     public String toString() {
12         return   "\n会员卡号: " +customerID + "\t 姓名: " + name + "\t 性别: "
+ sex +   "\t 生日: " +birthday+ "\t电话: " + telephone   ;
13     }
14
15     /*    创建main()主方法
16      * main()方法是Java应用程序的入口方法
17     */
18     public static void main(String arg[]){
19         /*实例化变量，即创建对象*/
20         Customer cust =new  Customer();
21         /*使用对象引用成员形式给类属性赋值 */
22         cust.customerID="000001";
23         cust.name ="王丽";
24         cust.sex="女";
25         cust.birthday ="04/14";
26         cust.telephone ="13213678290";
27         /* 使用对象引用成员形式调用类的方法*/
28         System.out .println ( cust.toString( ) );
29     }
30 }
```

程序执行是从 main()方法入口，当程序执行到第 20 行时，Java 虚拟机在内存中创建一个 cust 对象，并将这个对象的引用赋给 cust 变量。程序运行结果如图 3.1 所示。

图 3.1 Customer.java 程序运行结果

通过 Customer 类的完整定义过程，我们可以再次认识 Java 中类与对象的含义。但是面向对象程序设计严格区分做什么（what）和怎么做（how）的概念。对象"怎么做"由它的类来定义，类定义了对象所支持方法的实现。每个对象都是一个类的一个实例（instance），对象通过含有 new 关键字的表达式创建。类的方法由语句构建，方法的调用方式及方法包含的语句最终决定程序的执行。

在实际开发中，为了有效避免修改代码"牵一发而动全身"，而将类成员变量和方法包装于类定义中，通过限定类成员的可见性，可以使类成员中的某些属性和方法不被程序中的其他部分访问，其他不需关注内部细节如何实现，即隐藏实现的细节，这就是面向对象的封装性。

在技术上利用访问限制修饰符 private 将属性私有化，提供公共的访问方法，然后通过这些公共方法访问私有属性，这样有助于提高程序的灵活性，便于代码修改和维护。

封装的一般实现过程是：第一步修改属性的可见性来限制对属性的访问，即属性私有化。第二步，为每个属性创建一对赋值(setter)方法和取值(getter) 方法，用于访问这些属性。第三步，在 setter 和 getter 方法中，可以加入对属性的存取限制。

利用面向对象的封装性修改任务 3.1 中会员信息 Custormer 类的定义与方法 main。首先修改属性为私有，创建赋值(setter)方法和取值(getter) 方法。

```java
/*   定义Customer类的成员变量   */
 private String   customerID ;
 private String   name;
 private String   sex;
 private String   birthday;
 private String   telephone;


/*   定义Customer类的成员方法
 * 为每个属性创建一对赋值(setter)方法和取值(getter) 方法
 */

public String getCustomerID() {
    return customerID;
}


public void setCustomerID(String customerID) {
    this.customerID = customerID;
}


public String getName() {
    return name;
}


public void setName(String name) {
    this.name = name;
}


public String getSex() {
    return sex;
}


public void setSex(String sex) {
```

```
        this.sex = sex;
    }

    public String getBirthday() {
        return birthday;
    }

    public void setBirthday(String birthday) {
        this.birthday = birthday;
    }

    public String getTelephone() {
        return telephone;
    }

    public void setTelephone(String telephone) {
        this.telephone = telephone;
    }

    public String toString() {
        return   "\n会员卡号: " +customerID + "\t 姓名: " + name + "\t 性别: " + sex
+   "\t 生日: " +birthday+  "\t电话: " + telephone  ;
    }
```

在 main()主方法中，修改实例化对象的形式。

```
public static void main(String arg[]){
        Customer  cust1 =new  Customer ();
        cust1.setCustomerID("040001");
        cust1.setName("张明") ;
        cust1.setSex("男") ;
        cust1.setBirthday("08/14");
        cust1.setTelephone("15215807342");
        System.out .println ( cust1.toString( ) );
}
```

如果类中有很多私有属性，则对应的 setter 方法就有很多，在初始化时可以通过构造方法来简化对象初始化的代码。构造方法是类的一种特殊的方法，它负责对象成员的初始化，为实例变量赋予合适的初始值。下面使用构造方法来完成对象的初始化，修改 Customer 类的定义与主方法 main()。

部分代码如下。

```
    /*  定义Customer类的成员变量  */
    private String  customerID ;
    private String  name;
    private String  sex;
    private String  birthday;
    private String  telephone;


/*定义不带参数的构造方法*/
public   Customer(){

}


/*定义带参数的构造方法*/
public   Customer(String   pCustID, String  pName, String   pSex, String
pBirth, String  pTelep){
    customerID= pCustID;
    name= pName;
    sex= pSex;
    birthday=pBirth;
    telephone=pTelep;
}


public String toString() {
    return   "\n会员卡号: " +customerID + "\t 姓名: " + name + "\t 性别: " + sex
+   "\t 生日: " +birthday+  "\t电话: " + telephone   ;
}
```

在 main()主方法中，修改实例化对象的第二种形式如下。

```
public static void main(String arg[]){
  Customer  cust2 =new  Customer ("040012","王君萍","女","12/03″,
"15815207834");

  System.out .println ( cust2.toString( ) );
}
```

源程序代码 TestCustomer.Java 如下。

```
1 class Customer {
2   /*  定义Customer类的成员变量   */
3    private String  customerID ;
4    private String  name;
5    private String  sex;
6    private String  birthday;
```

```
7      private String   telephone;
8
9      /*定义不带参数的构造方法*/
10     public    Customer (){
11     }
12     /*定义带参数的构造方法*/
13     public   Customer (String   customerID, String   name, String   sex, String
birthday, String telephone){
14      this.customerID=customerID;
15      this. name= name;
16      this.sex= sex;
17      this. birthday= birthday;
18      this.telephone=telephone;
19     }
20        /*为每个属性创建一对赋值(setter)方法和取值(getter) 方法*/
21   public String getCustomerID() {
22        return customerID;
23   }

24   public void setCustomerID(String customerID) {
25        this.customerID = customerID;
26   }
27
28   public String getName() {
29        return name;
30   }
31
32   public void setName(String name) {
33        this.name = name;
34   }
35
36   public String getSex() {
37        return sex;
38   }
39
40   public void setSex(String sex) {
41        this.sex = sex;
42   }
43
```

```
44  public String getBirthday() {
45      return birthday;
46  }
47
48  public void setBirthday(String birthday) {
49      this.birthday = birthday;
50  }
51
52  public String getTelephone() {
53      return telephone;
54  }
55
56  public void setTelephone(String telephone) {
57      this.telephone = telephone;
58  }
59    /* 定义类的toString()方法，用于输出类相关的信息   */
60     public String toString() {
61        return   "\n会员卡号: " +customerID + "\t 姓名: " + name + "\t 性别: "
+ sex +   "\t 生日: " +birthday+  "\t电话: " + telephone   ;
62     }
63}
64
65 public class TestCustomer {
66     public static void main(String[] args) {
67
68        /*第一种实例化变量的形式*/
69        Customer cust1 =new  Customer ();
70        cust1.setCustomerID("040001");
71        cust1.setName("张明") ;
72        cust1.setSex("男") ;
73        cust1.setBirthday("08/14");
74        cust1.setTelephone("15215807342");
75      System.out .println ( cust1.toString( ) );   //输出会员信息
76
77      /*第二种实例化变量的形式*/
78      Customer  cust2 =new Customer ("040012", "王君萍", "女",
"12/03" ,"15815207834");
79      System.out .println ( cust2.toString( ) );
80  }
81}
```

一个 Java 源文件 TestCustomer.Java 中包含两个类，一个是会员信息定义类 Customer，即第 1 ~ 第 63 行；另一个是测试类 TestCustomer，即第 65 ~ 第 81 行，该测试类的名称与源文件同名，而且是一个 public 类，类中包含主方法 main()。程序运行结果如图 3.2 所示。

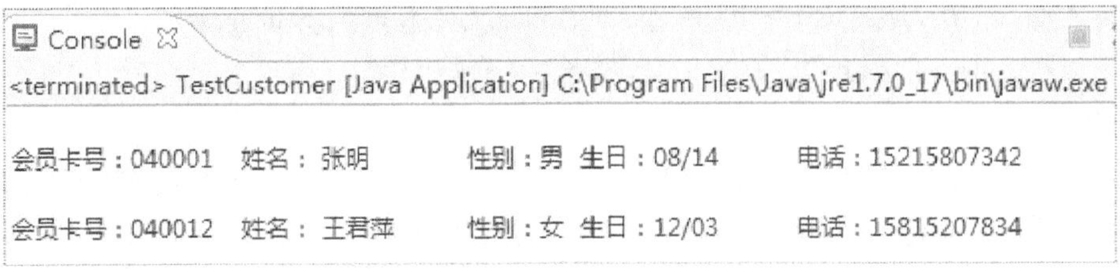

图 3.2　改进后的 TestCustomer.Java 程序运行结果

技术要点

1. Java 源文件与类文件的关系

一个 Java 文件可以包含多个类，但是只能定义一个 public 类，并且类名应该跟文件名相同。一般 public 类为入口类，类中有 public static void main(String[] args){}方法，可以理解为程序入口方法，是程序运行的起点，它存在于所有对象创建之前。例如，源程序 TestCustomer.Java 文件中包含两个类，一个是 Customer 类，另一个是 TestCustomer 类，是 public 类，该类中包含 main()主方法，是程序的入口。

2. 面向对象程序设计

面向对象（OOP）的基本思想是把问题看成相互作用的事物集合，用属性来描述事物，对事物的操作称为方法，然后从现实世界中客观存在的事物（即对象）出发来构造设计软件系统。对象是系统中用来描述客观事物的一个实体，一个对象由一组属性和对这组属性进行操作的一组服务组成，而类就是具有相同属性和服务的一组对象的集合，它为属于该类的所有对象提供了统一的抽象描述。类与对象的关系就是模具与铸件的关系，类的实例化结果就是对象，而对一类对象的抽象就是类。

3. 类的两个组成要素

类是概念模型，它定义对象的所有特性（属性）与所需的操作（方法）。它由属性和方法两个要素组成。类的定义主要是由属性声明与方法声明来描述的。

（1）属性声明语法格式如下。

访问权限类型	数据类型	属性名

（2）方法声明语法格式如下。

访问权限类型　返回值类型　方法名(){
方法体
}

4. 访问权限类型

访问权限即成员方法和成员变量的访问权限。

（1）public（公共类型）。

当一个成员被声明为 public 时，所有其他类，无论属于哪个包，都可以访问该成员。

（2）private（私有类型）。

当一个成员被声明为 private 时，不能被该成员所在类之外的任何类中的代码访问。

5. 封装

封装就是隐藏内部的数据与实现细节。封装的实现是将属性的可见性修改为私有属性来限制对属性的访问，并为每个属性创建一对赋值(setter)方法和取值(getter) 方法，用于访问这些属性，还可以在 setter 和 getter 方法中，加入对属性的存取限制。

6. 构造方法

构造方法负责对象成员的初始化工作，为实例变量赋予合适的初始值。默认的构造方法是不带任何参数的。构造方法和类名相同，而且没有返回类型，在构造方法的实现中，可以进行方法的重载。例如，Customer 类中包含两个构造方法，一个带参数的构造方法和一个不带参数的构造方法，方法与 Customer 类同名。

7. 方法的重载

方法的重载是指在同一个 Java 类中，出现两个或两个以上相同名称的方法，但是参数的个数和位置不会完全相同。方法重载有构造方法重载与成员方法重载两种。在 Customer 类中就是实现了构造方法的重载，创建该类的对象的语句会根据给出的实际参数个数、参数类型、参数顺序自动调用相应的构造方法来完成对象的初始化。

8. this 关键字

在一个类中，当调用构造方法创建对象实例时，如果类的实例变量和局部变量名称相同，则要用 this 关键字区分。也可以在一个实例方法内，通过 this 关键字访问当前实例的引用。

3.1　面向对象入门

3.1.1　面向对象与面向过程

面向过程是一种以事物为中心的编程思想，即分析出解决问题所需的步骤，然后用函数逐步实现这些步骤，使用时再逐个依次调用即可。面向过程的特点是以函数为中心，用函数来作为划分程序的基本单位，数据在过程式设计中往往处于从属地位。面向过程的程序设计是一种自顶向下逐步求精的设计方法，是单入口单出口的程序结构。它强调处理问题的过程，从开始起，按照程序流程，以某种顺序经过某个过程阶段，然后获得预期的结果。程序设计思想的核心是自底向上分解功能，实现某一特定功能的函数。例如，五子棋游戏的面向过程的设计思路如图 3.3 所示。

图 3.3　用面向过程的思路分析五子棋游戏

首先分析问题的步骤：第 1 步开始游戏；第 2 步黑子先走；第 3 步绘制画面；第 4 步判断

输赢；第5步轮到白子；第6步绘制画面；第7步判断输赢；第8步返回步骤2；第9步输出最后结果。然后将上述每个步骤分别用函数来实现，这样问题就解决了。

面向对象则是把构成问题的事务分解成各个对象，建立对象的目的不是完成一个步骤，而是描述某个事物在整个解决问题步骤中的行为。面向对象设计以数据为中心，类作为表现数据的工具，是划分程序的基本单位，而函数在面向对象设计中成为了类的接口。面向对象的优点是用"类"表示实体的特征和行为，便于程序模拟现实世界中的实体；对象的行为和属性被封装在类中，外界通过调用类的方法来获得，不需关注内部细节如何实现；通过类的模板，创建多个类的对象，实现可重用性。因此，面向对象的技术是由一个个对象构成的，每一个对象都封装了特定的状态和行为，它拥有封装、继承和多态三大特点。

面向对象的程序设计是通过对类、子类和对象等的设计来体现的，即把一些具有相同属性和行为的对象抽象为"类"，类中定义的变量描述这一类对象的属性，类中定义若干方法描述它们共同的行为，完成对类中数据变量的操作，利用对象间的消息传递来驱动程序的执行。类是面向对象程序设计技术的核心，使用"类"实现对某一类对象的封装，以及模块化和信息隐藏，有利于程序的可移植性和安全性，使程序易于维护，也利于对复杂对象的管理。例如，五子棋游戏用面向对象的设计思路如图3.4所示。

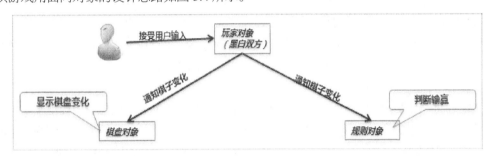

图 3.4　用面向对象的思路分析五子棋游戏

将整个五子棋分为以下功能：黑白双方，这两方的行为是一模一样的；棋盘系统，负责绘制画面；规则系统，负责判定诸如犯规、输赢等。将功能封装于对象中，第一类对象（玩家对象）负责接收用户输入，并告知第二类对象（棋盘对象）棋子布局的变化，棋盘对象接收到了棋子的变化就要负责在屏幕上显示出这种变化，同时利用第三类对象（规则系统）来对棋局进行判定。

面向对象是以功能来划分问题，功能上的统一保证了面向对象设计的可扩展性。例如，要加入悔棋的功能，如果采用面向过程的设计，那么从输入到判断到显示这一连串的步骤都要改动，甚至步骤之间的循序都要进行大规模调整。但是采用面向对象的设计，只需改动棋盘对象，棋盘系统保存了黑白双方的棋谱，简单回溯即可，显示和规则判断则不用考虑，同时对整个对象功能的调用顺序都没有变化，程序的改动只是局部的。

面向对象的程序设计通过设计大量功能比较单一、相互独立且能重复多次使用的类，在应用程序的开发中使用它们作为基本的构件模块实现程序的各种功能。

3.1.2　面向对象的术语

1. 对象（object）

项目二中的拓展知识已经介绍了对象的概念，对象是现实中某个具体的物理实体在计算机逻辑中的映射和体现，是类的一个实例，具有所在类定义的全部属性和方法。

2．类（class）

类是定义了对象特征以及对象外观和行为的模板，是同一组对象的集合与抽象。类是一种抽象数据类型。例如，学校有很多学生，每个学生就是一个对象，而"学生"是一个类，包含了所有在学校学习的人。

3．封装（encapsulation）

封装是 OOP 中的一个重要概念，也称为数据隐藏，就是把客观事物封装成抽象的类，并且类可以把自己的数据和方法只让可信的类或者对象操作，对不可信的进行信息隐藏。简单来说，就是把方法、属性、事件集中到一个统一的类中，并对使用者屏蔽其中的细节问题。例如，一个关于封装的实例小汽车——通过操作方向盘、刹车和加速来操作汽车。好的封装不需要用户考虑燃料的喷出、流动问题等。

4．继承（inheritance）

继承是 OOP 最重要的特性之一，它是子类自动共享父类数据结构和方法的机制，在日常生活中，儿子总会继承父亲的一些特性。 继承是类之间的一种关系，可以认为是分层次的一种手段。就像父亲有儿子，儿子有儿子，这样代代延续下去。多个类中存在相同属性和行为时，将这些内容抽取到单独的一个类中，这样多个类无须再定义这些属性和行为，只要继那个类即可。多个类可以称为子类，单独这个类称为父类或者超类。子类可以直接访问父类中非私有的属性和行为。引入继承可以减少重复的代码量，提高代码和开发的效率。

5．多态（polymorphism）

多态是面向对象的重要特性之一，它是具有表现多种形态的能力的特征，简单来说，就是"一个接口，多种实现"，即同一个实现接口，使用不同的实例而执行不同操作。编程其实就是将具体世界进行抽象化的过程，多态就是抽象化的一种体现，把一系列具体事物的共同点抽象出来，再通过这个抽象的事物，与不同的具体事物进行对话。在 OOP 中，多态是指具有根据对象的类型以不同方式处理之，特别是重载方法和继承类这种形式的能力。

6．接口（interface）

接口用于描述一组类的公共方法/公共属性，它是一种约定，定义了方法、属性、时间和索引器的结构，但是不实现任何的方法或属性，只是告诉继承它的类至少要实现哪些功能，继承它的类可以增加自己的方法。不能直接从一个接口创建对象，而必须首先通过创建一个类来实现接口所定义的特征。

3.1.3　面向对象 Java 的实现

Java 是一种面向对象的编程语言。面向对象编程的主要任务就是设计解决各种实际问题的类，用这些类来创建对象，并使用对象实现各种功能。每个类可以有以下 3 种类型的成员。

◆　　属性是与类和它的对象相关联的数据变量。

◆　　方法包含类的可执行代码，并定义了对象的行为。

◆　　方法的类和接口可以是其他类或接口的成员（重点在项目五中说明）。

1．定义类和创建对象

类是 Java 程序的基本组成单位。在 Java 中，对象是以类的形式实现的，类有时被称作用户（程序员）自定义数据类型。类定义由属性声明与方法声明两部分组成。例如，"学生"就是一个类，包含姓名、性别、年龄等属性和信息输出等操作。

一个类可以通过 UML 图中的类图表示，如图 3.5 所示，类图中的类用矩形表示，上部是类名，中间是域（也称为属性或成员变量）的表示，底部是方法的表示。

Student
+stuName: String
+stuSex: String
+stuAge: int
+toString():String

图 3.5　在 UML 图中表示类

（1）类的定义格式。

```
[修饰符] class 类名 [extends  父类名] [implements  接口名 1，接口名 2，…] {
    类属性声明；
    类方法声明；
}
```

其中：

class：类定义的关键字。

extends：表示类和另外一些类（超类）的继承关系。

implements：表示类实现了某些接口。

修饰符：表示类访问权限（public、private、proteced 等）和其他特性（static、abstract、final）。

（2）成员变量。

事物的特性在类中表示为变量，成员变量就是类的属性，属性名称由类的所有实例共享，类定义中的属性确定一个对象区别于其他对象的值，每个对象的每个属性都拥有其特有的值，成员变量有时也称为实例变量。例如，学生类的定义中包括年龄、姓名和班级这些属性，每个对象的这些属性都有自己的值。

【例 3-1】成员变量示例。

```
1 /**
2  *源文件Sample1.java， Person类中声明了3个成员变量表示学生的姓名、性别、年龄
3  */
4 class Student{
5      String  stuName;
6      String   stuSex;
7      int      stuAge ;
8   }
9 /**
10  * 在主类中，创建了2个对象，声明了3个成员变量表示学生的姓名、性别、年龄
11  */
12 public class Sample1 {
13      public static void main(String  arg[]){
```

```
14        //创建对象p1、p2
15        Student s1=new Student();
16        Student s2=new Student();
17        //分别为p1、p2对象属性赋值
18        s1.stuName="张欣";
19        s1.stuSex="女";
20        s1.stuAge=24;
21
22        s2.stuName="汪洋";
23        s2.stuSex="男";
24        s2.stuAge=21;
25
26        System.out.println("姓名: "+s1.stuName+"\t性别: "+s1.stuSex+"\t年龄:
"+s1.stuAge);
27        System.out.println("姓名: "+s2.stuName+"\t性别: "+s2.stuSex+" \t年龄:
"+s2.stuAge);
28    }
29}
```

编译运行上述代码，结果如图 3.6 所示。

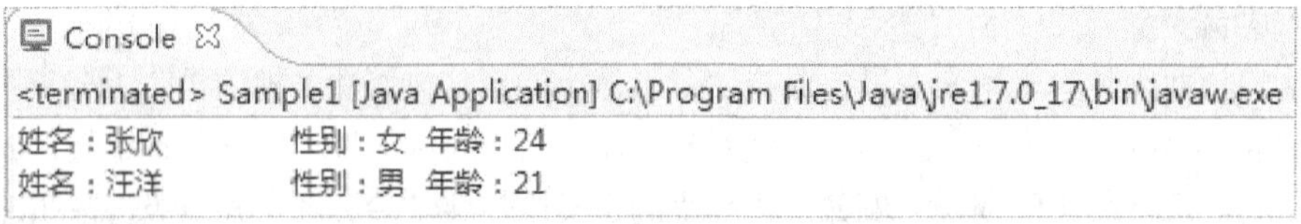

图 3.6　源文件 Sample1.java 的运行结果

（3）对象的创建。

类是创建对象的模板。在 Java 中使用 new 操作来创建对象。当一个对象被创建时，我们说对象被实例化，每一个对象就是一个实例。对象只有实例化后，才能在内存中存在。学生类是对什么是学生进行定义，而张欣、汪洋是对象，是学生类的实例。

创建对象与声明基本数据类型的变量类似，声明变量时，只在内存中为其建立一个引用，并置初始值为 null，表示不指向任何内存空间，然后使用 new 申请相应的存储空间，内存空间的大小按照类的定义而定，将其返回的对象引用值赋给一个引用，也就是让引用指向创建的对象。创建对象的形式有以下两种。

① 第一种形式的创建。

对象的引用

<类名>　<变量名>;

例如，Student　stu;stu 在没有初始化之前，初始值为 null。

② 第二种形式的创建。

对象的实例化

类名　变量名= new　类名(参数列表);

例如，Student s1 = new Student();在将 stu 对象实例化时，就向内存申请分配存储空间，并对对象进行初始化，即调用类的构造方法 Student()。

（4）对象的使用。

由于对象是以类为模板创建的具体事例，所以它也具有类中所有的属性与方法，根据对象和对象成员的访问权限可以对成员变量进行访问或调用成员方法对变量进行操作。引用成员变量或成员方法时，需要使用点运算符"."连接需要的属性或方法。

① 成员变量的引用。

　　　　对象名.变量名

例如，s1.stuName="张欣";

② 成员方法的调用。

　　　　对象名.方法名([参数])

（5）对象的销毁。

Java 中的垃圾收集器自动定期扫描 Java 对象的动态内存，并为所有的引用对象加上标记，在对象运行结束后，清除其标记，并将所有无标记的对象作为垃圾进行回收，释放垃圾对象占用的内存空间。对象运行结束或生命周期结束时，将成为垃圾对象，但并不意味着会被立即回收，仅当垃圾收集器空闲或内存不足时，才会回收它们。

Java 中的每个对象都拥有一个 finalize()方法，其语法格式如下。

protected void finalize（ ）throws Throwable{}

垃圾回收器在回收对象时，自动调用对象的 finalize()方法来释放系统资源。

2. 构造方法

构造方法是一个特殊的方法。Java 中的每个类都有构造方法。构造方法（constructor）用来实例化一个类的对象，可以将对象的初始化想象成为自己写的每个类都调用一次 initialize()。这个名字提醒我们在使用对象之前，应首先进行这样的调用。在面向对象设计中，提供了一种叫"构造器"的设计来完成对象的初始化。构造方法必须满足以下语法规则。

（1）构造方法名必须与类名相同。

（2）构造方法没有返回类型，也不能定义 void。

（3）构造方法只能被系统调用，不能被程序员调用。

定义构造方法的语法格式如下。

```
类名　对象名 = new 构造方法 (实际参数)
```

构造方法负责对象成员的初始化工作，为实例变量赋予合适的初始值。构造方法一定是在使用关键字 new 时才进行调用，而且一个类中允许存在至少一个构造方法。因此，创建一个类的新对象时，系统会自动调用该类的构造方法，初始化该对象。构造方法分为默认的构造方法（不带参数）和带参数的构造方法。

（1）默认的构造方法。

如果类的定义没有编写构造方法，Java 语言会自动为用户提供。这个由 Java 自动提供的构造方法就是默认的构造方法。默认的构造方法确保每个 Java 类都至少有一个构造方法，该方法应符合类的定义，用 public 修饰，而且方法体为空。例如：

```
public Student(){ }     //隐含的默认构造方法
```

但需注意的，如果一个类中已经明确声明了一个构造方法，则不会再重新生成无参的什么都不做的构造方法。在任务 3.1 源程序代码 TestCustomer.Java 中的第 9～第 19 行就是定义了两个构造方法。

用默认的构造方法初始化对象时，系统用默认值初始化对象的成员变量。数值型默认值为 0，boolean 默认值为 false，char 默认值为 '\0'，对象默认值为 null。

（2）带参数的构造方法。

带参数的构造方法能够实现这样的功能：当构造一个新对象时，类构造方法可以按需要将一些指定的参数传递给构造方法。在构造方法中，当方法的参数或局部变量与类的某个成员变量同名。若要访问这个类的成员变量，则需要使用 this 关键字，否则将引用的是该方法的参数或局部变量。

例如，如下带有两个参数的构造方法。

```
public Point(int x,int y) {
this.x=x;  // this.x 是指类的成员变量；x 是方法中的参数
this.y=y;
}
```

例如，创建一个 Rectangle 类，这个类有一系列构造方法，每个构造方法初始化 Rectangle 的成员变量。如果没有为参数提供初始化值，则构造方法为每个成员变量提供了默认值。

```
public class Rectangle {
    private int x;
    private int y;
    private int width;
    private int height;

    public Rectangle() {
        this(0, 0, 0, 0);
    }
    public Rectangle(int width, int height) {
        this(0, 0, width, height);
    }
    public Rectangle(int x, int y, int width, int height) {
        this.x = x;
        this.y = y;
        this.width = width;
        this.height = height;
    }
...
}
```

3. 类的方法

在 Java 类中，对对象的操作由方法来完成。要使一个对象完成某些工作，就要调用其相应的方法。类的主要功能是由成员方法来体现的。成员方法简称方法，它定义了类的行为或动作，描述了对象可以执行的操作规范。对象通过执行成员方法对传递过来的消息做出响应，从而完成特定的功能。方法是一个有名称的，具有相对独立功能的程序模块，它包含如图 3.7 所示的 4 个要素。

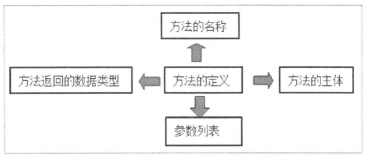

图 3.7　方法组成要素

（1）定义方法的格式。

```
修饰符　返回值数据类型　方法名(参数列表)  {
        …… //这里编写方法的主体
      [return ]

 }
```

修饰符：　　[public | protected | private]　　// 指明方法的访问控制级别

　　　　　　[static]　　　　　　　　　　　　// 指明是整个类拥有的类方法

　　　　　　[final | abstract]　　　　　　　// 不能同时使用

上面这些用括号"[]"括起来的修饰符是可选项，其中用"|"隔开的表示只能选择其一。

① 成员的访问控制。

　　成员的访问控制，即方法和成员变量的访问控制。成员的访问是指一个类中的方法代码能否访问（调用）另一个类中的成员；或者一个类能否继承其父类的成员。成员的访问权限有 4 种：public、protected、private、缺省类型。

- public（公共类型）。当一个成员被声明为 public 时，所有其他类，无论属于哪个包，都可以访问该成员。

- private（私有类型）。当一个成员被声明为 private 时，不能被该成员所在类之外的任何类中代码访问。

- 缺省类型。当一个成员没有任何访问限制修饰符时，其只有包内的类是可见的。

- protect（保护类型）。当一个类被声明为 protect 时，只对包内的类可见，包外的类可通过继承访问该成员。

类的访问控制级别只有 public 和缺省，它们限定了整个类的访问权限。在类的外部，类中成员变量的可见性由关键字 public、protected、private 来控制，称为类的成员变量的访问权限修饰符。所有访问限制修饰和其对应的可见性如表 3-1 所示。

表 3-1　成员访问权限

可见性	public	protected	缺省	private
对同一个类	可以	可以	可以	可以
对同一个包中的任何类	可以	可以	可以	不可以
对不同包中的非子类	可以	不可以	不可以	不可以
对同一包的子类	可以	可以	可以	不可以
对不同包的子类	可以	可以	不可以	不可以

② 静态（static）方法。

用 static 修饰的方法称为静态方法，也称为类方法，它不属于类的具体对象，而是整个类的类方法。由于静态方法的运行不依赖于任何对象，因此可以不创建对象，而通过类自身（类名作前缀）来运行静态方法。创建某个类的具体对象后，也可以通过对象名作为前缀调用静态方法。

【例 3-2】调用类中的非静态方法。

```java
public class UseVar1 {

    public  static  int  x=10;
    //非静态方法
    public void add(int y){
        x=x+y;
    }

    public static void main(String[] args) {    //静态方法
    UseVar1  obj=new  UseVar1();
    System.out.println("x="+ x);
    obj.add(12);
    System.out.println("x="+ x);
    }
}
```

上述代码中，x 是一个静态变量， add()方法是非静态方法，是一个实例方法，即成员方法，只能通过类对象访问，如由 obj.add(12) 语句实现。main()方法是静态的，其只是程序开始执行的入口，不需要依赖任何对象。因此在静态方法中，访问非静态成员只要使用指向特定对象的引用即可。

在 Java 中声明类的成员变量和成员方法时，可以使用关键字 static 将成员声明为静态成员。静态变量也称为类变量，非静态变量称为实例变量（成员变量）；静态方法也称为类方法，非静态方法称为实例方法（成员方法）。

静态成员最主要的特点是它不属于任何一个类的对象，它不保存在任意一个内存空间中，而是保存在类的公共区域中。

③ 最终（final）方法。

用 final 修饰类中的方法，称为最终方法。它的主要目的是防止子类重新定义继承父类的方法，即禁止子类重写父类的方法。

④ 抽象（abstract）方法。

用 abstract 修饰类中的方法，称为抽象方法。抽象方法只有方法头，没有方法体，以一个分号结束。它的声明通常出现在抽象类和接口中。修饰符 final 与 abstract 不能同时使用。

（2）返回值类型。

返回值类型指定该方法返回结果的类型，可以是基本数据类型，也可以是引用类型。在没有返回值的方法中，需要使用关键字"void"指明该方法无返回值。在引用返回类型的方法中返回 null 值。

（3）方法的调用。

在类中调用类自身的方法，可以直接使用这个方法的名称，调用其他对象或类的方法，则需要使用该对象名或类的名称作为前缀，通过圆点运算符，即可调用对象中的变量和方法。方法之间允许相互调用，不同方法之间也可以相互调用，同一个方法可被一个或多个方法调用。例如，类 Student 的方法 a()直接调用 Student 类的方法 b()。

```
Public void a(){
    b();   //调用 b()
}
```

还可以是类 Student 的方法 a()调用类 Teacher 的方法 b()，先创建类对象，然后使用"."调用。

```
Public void a(){
    Teacher t = new Teacher();
    t.b();  //调用 Teacher 类的 b()
}
```

【例 3-3】定义一个学生类，并输出学生信息。

```
//源文件Sample2.java
Class Student{
    //定义成员变量
    String    stuName;
    String    stuSex;
    int       stuAge ;

    //定义返回值类型为String的成员方法
    public  String  toString(){
        return   "姓名: "+stuName+"\t性别: "+stuSex+"\t年龄: "+stuAge;
    }
}
```

```
public class Sample2 {
    public static void main(String  arg[]){

        Student s1=new Student();
        s1.stuName="顾晓欣";
        s1.stuSex="女";
        s1.stuAge=34;
        System.out.println(s1.toString());


        Student  s2 =new    Student ();
        s2.stuName="赵费洋";
        s2.stuSex="男";
        s2.stuAge=41;
        System.out.println(s2.toString());
    }
}
```

上述代码中，源文件 Sample2.java 与 Sample2 类同名，该类的属性访问控制级别是 public。
而 Teacher 类的访问控制权限是缺省的。因为类的访问控制级别只有 public 和缺省，而一个 Java
源文件中最多只有一个 public 类，并且文件必须与 public 类同名。Teacher 类中的成员变量有：
姓名（stuName）、性别（stuSex）、年龄（stuAge），它们的访问权限为缺省类型；一个返回
值类型为 String 的成员方法 toString()，它的访问权限类型为 public（公共）类型。例 3-3 的运
行结果如图 3.8 所示。

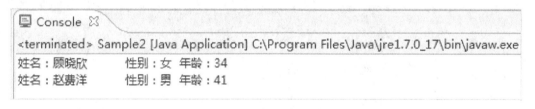

图 3.8　例 3-3 程序运行结果

3.1.4　方法的重载

在 Java 中，同一个类的两个或两个以上的方法可以使用相同的名称，只要它们的参数声明
和参数类型不同即可。该方法就被称为重载，这个过程称为方法重载（method overloading）。
当一个重载方法被调用时，Java 用参数的类型和数量来确定实际调用的重载方法的版本。它也
是 Java 实现多态性的一种方式。方法重载在现实生活中随处可见，如生活中司机驾驶汽车这个
方法重载，如图 3.9 所示。

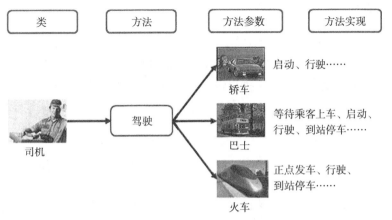

图 3.9　生活中的方法重载

通过图 3.9 可以分析得到：司机被抽象为一个类；司机有 3 个方法，方法名称都是驾驶；这 3 个方法的参数各不相同，分别是轿车、巴士、火车；这 3 个方法的实现各不相同。由此可以分析出方法重载的特点是：在同一个类中发生；方法名相同；参数列表不同，其中参数列表的不同可以是个数不同、顺序不同、类型不同。

方法重载支持多态性，因为它是 Java 实现 "一个接口、多种方法" 模型的一种方式。重载的价值在于它允许相关的方法可以使用同一个名称来访问。例如，前面已经使用过的方法重载，如 java.io.PrintStream 类的 println 方法，可以实现不同数据类型数据的控制台打印并换行，根据数据类型的不同，可以打印数据并换行，并有多种实现方式，如图 3.10 所示。

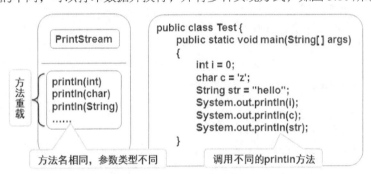

图 3.10　println()方法的重载示例

java.lang.Math 类的 max()方法可以从两个数字中取出较大值，并有多种实现方式，如图 3.11 所示。

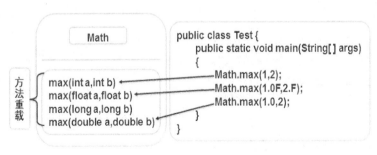

图 3.11　max()方法的重载示例

3.1.5 构造方法的重载

构造方法重载是方法重载的典型示例，构造方法重载与成员方法的重载一样，都是通过参数进行重载，根据参数的不同，调用不同的构造方法。但是它之所以区别与成员方法，就是其用于初始化成员变量并创建实例化对象。类中的构造方法可以根据需要重载多个参数列表的不同版本，这些重载的构造方法可以相互调用，但必须通过 this() 调用，且必须作为构造方法内的第一条语句。

【例 3-4】构造方法的重载示例。

```
//源文件SampleDemo1.java
1 class   Person{
2   //声明了两个私有的成员变量
3   private  String  name;
4   private  int   age;
5   //重载了类Person 的3个构造方法
6   Person( ){  }

7   Person(String name ){
8       this();            //调用无参的构造方法
9       this.name=name;
10  }

12  Person(String name,int  age){
13      this(name);        //调用有一个参数的构造方法
14      this.age=age;
15  }
16  //定义了一个成员方法showDemo()
17  public   void   showDemo(){
18      System.out.println("姓名:"+name +"\t年龄:"+age);
19  }
20}

22 public  class  SampleDemo1{
23  public static void main(String agr[]){
24      Person  per =new Person("宋岩",36);
25      per.showDemo();
26  }
27}
```

在类 Person 中创建了 3 个构造方法：第一个构造方法不带参数；第二个构造方法带有一个参数；第三个构造方法带有两个参数。重载的构造方法中通过 this 分别调用了各个不同版本的构造方法，但是这些 this 调用语句必须是构造方法中的第一条语句。在类 Person 中还定义了一个无返回值的成员方法 showDemo。程序运行结果如图 3.12 所示。

```
Console ⊠
<terminated> SampleDemo1 [Java Application] C:\Program Files\Java\jre1.7.0_17\bin\java
姓名:宋岩 年龄:36
```

图 3.12　源文件 SampleDemo1.java 的运行结果

【例 3-5】构造方法重载示例。

```java
//源文件StudentTest.java
class Student{
    private String name;
    private int age;
    private String sex;
    private String subject;
    public Student(String name,int age){
        this.name = name;
        this.age = age;
        this.sex = "男";
        this.subject = "软件技术";
    }
    public Student(String name,int age,String sex, String subject){
        this.name = name;
        this.age = age;
        this.sex = sex;
        this.subject = subject;
    }
    public String introduction() {
        return "大家好! 我是" + name + ", 今年"+ age+"岁,性别是"+sex+",专业是
"+subject;
    }
}

public class StudentTest {
    public static void main(String[] args){
        Student s1 = new Student("王凯",19);
        Student s2 = new Student("李兰",22,"女","网络技术");
        System.out.println(s1.introduction());
        System.out.println(s2.introduction());
    }
}
```

上述代码实现了构造方法的重载，第一个构造方法中设置性别初始值为"男"，专业初始值为"软件技术"，其余属性的值由参数给定，第二个构造方法的属性都由参数给定。程序运行结果如图 3.13 所示。

```
Console 🗙
<terminated> StudentTest [Java Application] C:\Program Files\Java\jre1.7.0_17\bin\javaw.exe (2
大家好！我是：王凯，今年19岁,性别：男,专业是：软件技术
大家好！我是：李兰，今年22岁,性别：女,专业是：网络技术
```

图 3.13 源文件 StudentTest.java 的运行结果

3.1.6 this 关键字

this 关键字是 Java 中常用的关键字，可用于任何实例方法中指向当前对象，也可在对其调用当前方法的对象。this 引用的使用方法如下。

（1）用 this 指代对象本身。

（2）访问本类的成员。

- this.成员变量
- this.方法名

（3）调用本类的构造方法。

this.([参数列表])

即这个构造方法会调用同一个类中的另一个相对应的构造方法，这个调用一定放在该构造方法的第一条语句的位置。源文件 SampleDemo1.java 中的第 8 和第 13 行分别表示调用同类的构造方法，第 9 和第 14 行分别表示引用类的成员变量。

3.1.7 包

包是类的逻辑组织形式，Java 中提供包（package）将不同类组织起来进行管理。在程序中可以声明类所在的包，同一包中类的名称不能相同。类似生活中的文档分门别类，不同内容的文档可以放在不同的袋子中，拥有相同的名称，避免冲突，易于查找和管理。

Java 的常用包有以下几个。

■　java.lang 包：语言包，Java 的核心类库，包含运行 Java 程序必不可少的系统类，如基本数据类型、基本数学函数、字符串处理、线程、异常处理类。

■　java.util 包：实用包，提供实用的数据结构。包含如处理时间的 date 类、处理转换成数组的 Vector 类，以及 stack 和 HashTable 类 。

■　java.text 包：文本包，提供文本/日期/数字/消息的本地化支持。

■　java.io 包：Java 语言的标准输入/输出类库，如基本输入/输出流、文件输入/输出、过滤输入/输出流等。

■　java.net 包：提供网络功能，实现网络功能的类库有 Socket 类、ServerSocket 类。

■　java.awt 包：抽象窗口工具包，构建图形用户界面(GUI)的类库，低级绘图操作 Graphics 类，图形界面组件和布局管理，如 Checkbox 类、Container 类、LayoutManger 接口等，以及界面用户交互控制和事件响应，如 Event 类。

1. 包的定义

要将类放入指定的包中，就必须使用 package 语句。其语法格式如下。

```
package <包名>;
```

package 语句必须放在源文件的最前面，每个源文件中最多只有一条 package 语句，因为一个类不可能属于两个包。类似于生活中一件衣服不可能同时放进两个箱子一样。包名可以是用点 "." 分隔的一个序列，如 java.awt，这表示源文件中的类在 java 包下的 awt 子包中。

包类似于文件夹，用于防止命名冲突，易于找到和使用相应的文件。它允许类组成较小的单元，主要解决类的同名问题，能更好地保护类、数据和方法。

2. 包的导入

访问 Java 中的类包，要在源程序中使用 import 语句导入引用包中的类。当一个类要使用与自己本身处在同一个包中的类时，可以直接访问。若要使用其他包中的类，就必须使用 import 语句。其语法格式如下。

```
import <包名 1>[.<包名 2>][.<包名 3> …].<类名>;
import <包名 1>[.<包名 2>][.<包名 3> …]. *
```

如果有多个包或类，则用 "." 分隔开，"*" 表示包中所有的类。例如：

```
import java.awt.event.WindowAdapter; //导入 java.awt.event 包中的 WindowAdapter 类
import java.io.*; //导入 java. io 包中的所有类
```

java.lang 包中的类系统是自动导入的，也就是说，java.lang 包不需要显式引用，它总是被编译器自动调入。一个源文件中根据需要可以有多个 import 语句。import 语句要放在 package 语句之后，类声明之前。

使用包时还要特别注意系统 classpath 路径的设置情况，它需要将包名对应目录的父目录包含在 classpath 路径中，否则编译时会出错，提示用户编译器找不到指定的类，参见项目一的任务 1.1 中环境变量的配置。

例如，包声明与包的使用示例如下。

```
//包的声明
package bookexample;
class A{ …… }
class B extends A{ …… }
public class OverrideExample{ …… }
//包的使用
//第一种形式在要引用的类名前带上包名作为修饰符
bookexample.A  objA =  new  bookexample.A();
//第二种形式在文件开头使用 import 引用包中的类
import bookexample.A;
class Example { A objA = new A(); }
//在文件前使用 import 引用整个包
import bookexample.*;
class Example{  A objA=new A();  }
```

其中 bookexample 是包名，A 是包中的类名，objA 是类的对象。不同程序文件内的类也可以同属于一个包，只要在这些程序文件前都加上同一个包的说明即可。

3.1.8　封装

封装是面向对象的一个重要特征，其含义简单来说，就是将东西包装起来。类将属性和方法封装起来，使外界对类的认识和使用不用考虑类中的具体细节。在例 3-3 中，对类的成员变量没有设定访问权限或者用 public 修饰的，则类外部的代码可以直接访问类的成员，这是非常危险的，意味着类外部可以没有限制地访问和修改类的变量。因此，最好把类中变量用 protected 或 private 修饰，从而很好地实现数据封装。这就是封装的目的。封装并不是不允许访问类的成员变量，而是需要创建一些允许外部访问的方法，通过这样的方法来访问类的成员变量，这样的方法称为公共接口。封装的另一个目的就是隐藏细节，这也是面向对象设计的思想。使用封装，加强了数据访问限制和程序的可维护性。

在 Java 中，通过限定类和类成员的访问控制级别，可以较好地解决封装和公开的问题。如果将成员变量标识为 private，则它在类的外部是不可见的，使数据得到了封装。为了能够访问这些私有数据，就必须提供 public 或者 protected 的成员方法来获取（get）和设置（set）这些 private 变量的值。使用 get 与 set 方法来访问成员变量的优点如下。

● 类能够将数据的内部实现隐藏起来，对外提供一个接口，从而避免用户直接操纵类的属性。

● 通过对 get 和 set 方法设置功能代码，能够有效实施成员变量的合法性检查。

【例 3-6】修改源文件 Sample2.java，通过属性的封装重新编写教师 Teacher 类，其中年龄属性不小于 22 岁，否则输出错误信息，并赋予默认值。

```java
// 源文件Sample3.java
class Teacher{
    //定义成员变量
    private  String  name;
    private  String  sex;
    private   int      age ;

    //使用get和set方法访问成员变量
    public String getName() {
        return name;
    }

    public void setName(String name) {
        this.name = name;
    }

    public String getSex() {
        return sex;
```

```java
    }

    public void setSex(String sex) {
        this.sex = sex;
    }

    public int getAge() {
        return age;
    }

    public void setAge(int age) {
        if(age<22 ){
            System.out.println("错误，年龄不符合要求");
            this.age = 22; }
        else
            this.age = age;
    }

    //定义成员方法
    public String toString(){
        return    "姓名: "+name+"\t性别: "+sex+"\t年龄: "+age;
    }
}

public class Sample3 {
    public static void main(String  arg[]){

        Teacher      t1=new Teacher();
        t1.setName("顾晓欣") ;
        t1.setSex("女");
        t1.setAge(12);
        System.out.println(t1.toString());
    }
}
```

编译运行，结果如图 3.14 所示。

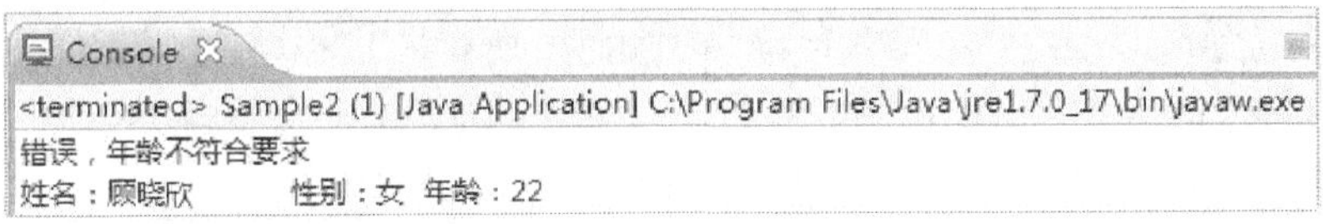

```
Console ☒
<terminated> Sample2 (1) [Java Application] C:\Program Files\Java\jre1.7.0_17\bin\javaw.exe
错误，年龄不符合要求
姓名：顾晓欣        性别：女 年龄：22
```

图 3.14　Sample3.java 运行结果

从图 3.14 可以看出，由于对 name、sex、age 成员变量进行了封装，所以必须通过其对应的 set 方法设置成员变量的值。在其对应的 set 方法中编写数据访问限制规则，如 setAge 方法限定年龄不能小于 22 岁，否则输出错误信息，并赋予默认值 22 岁。对成员变量进行封装，在设置成员值的方法中编写数据访问限制规则，这样可以大大提高代码的健壮性。

技能训练

购物管理系统主要涉及超市员工、商品、会员等对象。

1. 创建会员信息类 Member，该会员对象的属性包括：会员编号、卡号、姓名、性别、出生日期、联系方式、积分、注册日期等。

（1）无参和有参的构造方法。

（2）使用 set 和 get 方法设置和获取属性值。

（3）编写一个 toString 方法。

2. 创建商品信息类 Product，该商品对象的属性包括：编号、名称、类型、单价、条形码、是否促销、库存量。

（1）无参和有参的构造方法。

（2）使用 set 和 get 方法设置和获取属性值。

（3）编写一个 toString 方法。

3. 创建商品进货类 Stock.java，所具有的属性包括：进货编号、商品编号、商品名称、进货数量、进货日期、供货商。

（1）无参和有参的构造方法。

（2）使用 set 和 get 方法设置和获取属性值。

（3）编写一个 toString 方法。

任务 3.2　员工信息类的创建

任务目标

1. 理解继承和多态的作用。
2. 能使用继承的方式编写子类。
3. 能使用多态的方式编写程序。
4. 能使用 super 调用父类构造方法。

任务分析

员工分为普通员工、销售员、部门经理 3 种角色；所有员工的属性包括编号、姓名、性别、部门、基本工资、电话等，根据角色的不同，员工工资的计算方法也不同。具体工资计算如下。

普通员工：　基本工资+交通补贴（100）+岗位工资（500）

销售员： 基本工资+交通补贴（500）+通信补贴（200）+岗位工资（销售额%2）

部门经理： 基本工资+住房补贴（基本工资*15%）+交通补贴（基本工资*10%）+岗位工资（1000）

因为销售员和部门经理也都是员工，他们具有员工的所有属性和方法，即他们继承了员工的所有属性和方法。但是他们各自还具有自己的特殊属性，计算工资的方法不同。

首先创建普通员工类，然后创建销售员子类与部门经理子类，继承于员工类。销售员子类与部门经理子类中的计算工资方法重写员工父类的方法，使用父类类型引用子类实例对象。

实现过程

本任务由 4 个类和一个包实现。

Employee(普通员工类，Manager 和 Saler 的父类)。

Saler（销售员类，Employee 的直接子类）。

Manager（部门经理类，Employee 的直接子类）。

EmployeeTest 测试类。

创建包 employee.beans。

所有的类都在 employee.beans 中创建。

步骤一：创建包 employee.beans，然后在 employee.beans 包中创建普通员工类。

```
1    package employee.beans;
2
3    public class Employee {
4        String  employeeID;    // 工号
5        String name;              //姓名
6        String sex;               //性别
7        String department;        //部门
8        double baseSalary;        //基本工资
9        double salary;            //月工资
10       String  classes;         //类别
11
12       public  Employee( ){  }
13
14       public  Employee(String  employeeID, String name,String sex,String
     department,double baseSalary,String  classes){
15           this.employeeID=employeeID;
16           this.name= name;
17           this.sex=sex;
18           this.department=department;
19           this.baseSalary=baseSalary;
20           this.classes=classes;
```

```java
21        }
22
23      public String getEmployeeID() {
24          return employeeID;
25      }
26
27      public void setEmployeeID(String employeeID) {
28          this.employeeID = employeeID;
29      }
30
31      public String getName() {
32          return name;
33      }
34
35      public void setName(String name) {
36          this.name = name;
37      }
38
39      public String getSex() {
40          return sex;
41      }
42
43      public void setSex(String sex) {
44          this.sex = sex;
45      }
46
47      public String getDepartment() {
48          return department;
49      }
50
51      public void setDepartment(String department) {
52          this.department = department;
53      }
54
55      public double getBaseSalary() {
56          return baseSalary;
57      }
58
59      public void setBaseSalary(double baseSalary) {
```

```
60          this.baseSalary = baseSalary;
61      }
62
63      public double getSalary() {
64          return salary;
65      }
66
67      public void setSalary(double salary) {
68          this.salary = salary;
69      }
70
71      public String getClasses() {
72          return classes;
73      }
74
75      public void setClasses(String classes) {
76          this.classes = classes;
77      }
78
79      public double sumSalary(){
80              //基本工资+交通补贴（100）+岗位工资（500）
81              salary=baseSalary+100+500;
82              return salary;
83      }
84
85          //格式化员工信息
86      public  String  toString(){
87          return  "员工ID: "+employeeID+"\t姓名: "+name+"\t性别: "+sex+"\t部门:
    "+department+"\t基本工资: "+baseSalary+"\t本月工资: "+this.sumSalary()+"\t类
    别: "+classes;
88      }
89  }
```

在类 Employee 有两个 Employee( )构造方法，分别是无参数的和有参数的。因为成员方法 sumSalary()用来计算月工资，所以在 toString()方法中输出月工资时调用成员方法 sumSalary()，this.sumSalary()表示引用本类的方法。

步骤二：在 employee.beans 包中创建销售员类。

```
1   package employee.beans;
2
3   public class Saler extends Employee{
```

```
4        double sumSale;    //销售额
5        Saler(String  employeeID, String name,String sex,String
    department,double baseSalary,String   classes,double sumSale ){
6                super(employeeID,  name, sex, department, baseSalary,
    classes);
7                this.sumSale=sumSale;
8      }
9
10       public double sumSalary(){
11            //基本工资+交通补贴（500）+通信补贴（200）+岗位工资（销售额%2）
12            salary= baseSalary+500+200+sumSale*0.02;
13                return salary;
14     }
15  }
```

因为销售员还有自身特殊属性：销售额，所以必须声明，由于销售员继承了普通员工类，所以也继承了父类中的构造方法，用 super(参数列表)描述，如第 6 行，因为自己本身的变量与参数同名，所以用 this.变量名来说明，如第 7 行。子类与父类的成员方法 sumSalary()同名，子类继承父类时，重写（覆盖）父类的成员方法，这就是多态的表现形式。

步骤三：在 employee.beans 包中创建部门经理类。

```
1   package employee.beans;

2   public class Manager extends Employee{
3     Manager(String  employeeID, String name,String sex,String
department,double baseSalary,String   classes ){
4      super(employeeID,  name, sex, department, baseSalary, classes);
5    }

6   public double sumSalary(){
7   //    基本工资+住房补贴（基本工资*15%）+交通补贴（基本工资*10%）+岗位工资（1000）
8      salary=baseSalary+baseSalary*0.15+baseSalary*0.1+1000;
9      return  salary;
10     }
11  }
```

部门经理类继承了父类普通员工中的构造方法，用 super(参数列表)描述，如第 4 行，子类与父类的成员方法 sumSalary()同名，子类继承父类时，重写（覆盖）父类的成员方法，这就是多态的表现形式。

步骤四：在 employee.beans 包中创建测试类。

```
1   package employee.beans;
```

```
2    public class EmployeeTest {

3    public static void main(String[] args) {

4       // 普通员工对象

5       Employee  employee =new  Employee("0013","张莉","女","收银",1800,"普通员
工");

6       System.out.println(employee.toString());

7       //销售员对象，用父类Employee引用子类实例对象

8      Employee  saler =new  Saler("0036","王力","男","收银",1800,"销售员",
2200);

9       System.out.println(saler.toString());

10   //部门经理对象，用父类Employee引用子类实例对象

11      Employee  manager =new  Manager("0002","王菲","女","收银",1800,"部门经理
");

12       System.out.println( manager.toString());

13    }

14  }
```

编译程序，运行结果如图 3.15 所示。

员工ID：0013	姓名：张莉	性别：女 部门：收银	基本工资：1800.0 本月工资：2400.0	类别：普通员工
员工ID：0036	姓名：王力	性别：男 部门：收银	基本工资：1800.0 本月工资：2544.0	类别：销售员
员工ID：0002	姓名：王菲	性别：女 部门：收银	基本工资：1800.0 本月工资：3250.0	类别：部门经理

图 3.15 EmployeeTest.java 运行结果

技术要点

1. 包

当一个类要使用与自己本身处在同一个包中的类时，可以直接访问。若要使用其他包中的类，就必须使用 import 语句。这部分内容在任务 3.1 中的拓展知识中介绍。创建包的语句是：package 包名；因为本任务要求创建 employee.beans 包，所以创建语句如下。

package employee.beans;

2. 继承

继承是一种由已有的类创建新类的机制，先创建父类，然后创建子类继承于父类，子类具有父类的属性与方法。子类不仅继承父类的成员方法，也继承父类的构造方法。销售员类与部门经理类都继承了普通员工类的构造方法，子类继承构造父类的构造方法，用super(参数列表)来引用，本类内的成员变量用 this 引用。销售员类与部门经理类这两个子类还继承父类的成员方法 toString()，重写父类的成员方法 sumSalary()。

3. 多态

多态是具有表现多种形态能力的特征，是同一个实现接口，使用不同的实例执行不同的操作。多态性就是指同一个名称的若干种方法有不同的实现（即方法体中代码的功能不同）。多

态性表现在方法的重载与方法的重写（也称为覆盖）上，在父类中的两个构造方法是重载的，子类重写父类的成员方法。在测试类中，用父类类型引用子类实例对象也是多态。

拓展学习

3.2 继承与多态

3.2.1 继承

生活中，继承的例子随处可见，如绵羊与狮子，它们都属于动物，只是一个是食草动物，一个是食肉动物，继承的关系是：父类是动物，子类分别是食草动物与食肉动物。还有出租车、卡车、巴士与汽车之间的继承关系，它们都具有父类汽车的一般属性与方法，即引擎数量、外观颜色等属性和刹车、加速等行为。继承使人们能够为一组相关的子类对象建立一个通用的父类，父类中包含子类对象的共有属性。通过继承，在已有类的基础上创建子类，而不是一切从零开始，子类可以合理地吸收父类的数据和方法，还可以增加自己专有的属性和方法。

继承是一种由已有的类创建新类的机制。类具有继承性，由继承得到的类称为子类，被继承的类称为父类（超类）。子类对父类的继承关系体现了现实世界中特殊和一般的关系。继承能够使子类拥有父类的非私有属性和方法，而不需要在定义子类的类时重新定义父类的这些属性和方法。子类既可以保持父类原有的属性和方法，也可以修改从父类那里继承而来的属性和方法。通过继承可以更有效地组织程序结构，明确类间关系，并充分利用已有的类来完成更复杂、更深入的开发。

在 Java 中，继承是面向对象的一种特性。所有的 Java 类都直接或间接地继承了 java.lang.Object 类。Java 不支持多重继承，Java 中的继承是单继承，也就是说一个子类只能有一个超类，但可以有多层继承。一个超类可以有多个子类，而且子类也可以当作下一个子类的超类。

在 Java 语言中，使用关键字 extends 来创建一个类的子类，表示一个类继承了另一个类，子类自动继承父类的属性和方法，子类中可以定义特定的属性和方法。

定义子类的语法格式如下。

```
class <子类> extends <唯一的父类名>
{
    <类定义体>
}
```

1. 成员变量的继承原则

成员变量能否被继承，完全取决于其对应的访问控制。

（1）对于子类，如果其父类的成员声明为 public 类型，那么无论这两个类是否在同一包中，子类均能继承父类的成员。

（2）当父类的成员声明为 private 类型时，任何子类都不能继承该成员。

（3）当父类的成员声明为默认类型时，包外的子类不能继承该成员变量，而在同一包内的相对于 public 类型，任何子类都可以继承该成员变量。

2. 成员变量的隐藏

当子类本身具有与继承父类的成员变量同名时，父类的成员变量会自动隐藏。在子类中直接调用该变量时，调用的是子类中本身具有的成员变量，而不是从父类继承的成员变量。若要引用父类的同名变量，则用关键字 super 作为前缀加圆点操作符引用父类的同名变量。

【例 3-7】成员变量隐藏示例。

```
1   package phase;
2   class Father {
3     int i=10;
4     int j=25;
5     public void show(){
6        System.out.println("父类");
7        System.out.println("这里将引用的父类变量 i ="+i);
8     }
9   }

10  class Son extends Father{
11      int j=15;
12      public void get(){
13          System.out.println("子类");
14          System.out.println("这里将引用的子类变量 j ="+j);
15          System.out.println("这里将引用的是父类变量 j="+super.j);
16      }
17  }

18  public class Test {
19      public static void main(String[]args){
20      Son son=new Son();
21      son.show();
22      son.get();
23    }
24  }
```

父类的成员声明为默认类型，子类与父类都在同一包 phase 中。在父类 Father 中有变量 j，如第 4 行赋值为 25，在子类 Son 中也有变量 j，如第 11 行赋值为 15，由于子类中定义了与父类中同名的变量 j，因此父类的变量在子类中被隐藏了，如第 14 行。但是，子类若要引用父类的同名变量，则需要用 super.j 引用，如第 15 行。编译运行代码，结果如图 3.16 所示。

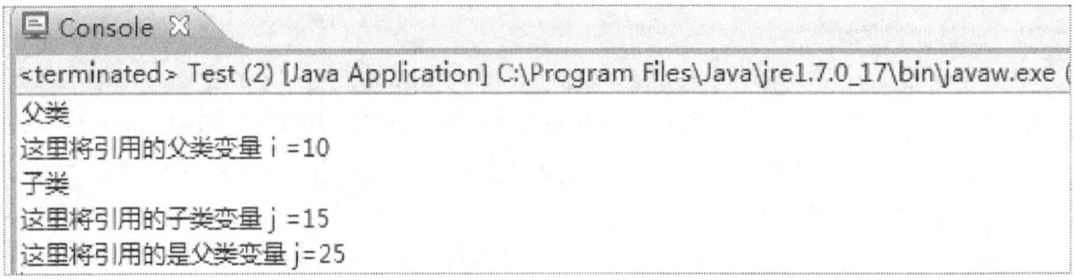

父类
这里将引用的父类变量 i =10
子类
这里将引用的子类变量 j =15
这里将引用的是父类变量 j=25

图 3.16　例 3-7 运行结果

【例 3-8】父类成员变量隐藏示例。

```
1   class A{
2       String name = "A";
3   }
4   class B extends A{
5       String name = "B";
6       public void show(){
7           System.out.println("my name is "+super.name);
8           System.out.println("my name is "+name);
9       }
10  }
11  public class Sample4_9 {
12      public static void main(String[] args) {
13          B b = new B();
14          b.show();
15      }
16  }
```

编译程序，运行结果如图 3.17 所示。

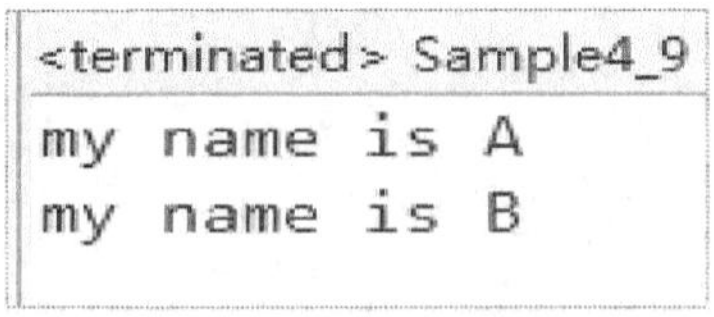

```
<terminated> Sample4_9
my name is A
my name is B
```

图 3.17　例 3-8 运行结果

由此可见，父类的 name 属性被子类的 name 属性隐藏了，如果需要使用父类的属性，则用 super 关键字调用。

3．方法的继承与覆盖

在类继承机制中，方法的继承和覆盖是最核心的内容。当子类继承父类时，它可以继承父类中声明为 public 或 protected 的方法和属性，不能继承父类中访问权限为 private 的方法和属性。若子类和其他类处在同一包，则子类可以继承默认访问权限的属性和方法。对于从父类中继承来的方法，可以对其进行扩展。

当子类的成员方法和父类的成员方法同名时，子类重新定义父类中的方法，这就是覆盖，又称为方法重写，即在子类中重新定义父类中的方法内容。

方法的继承允许子类使用父类的方法，覆盖则是在子类中重新定义父类中的方法，从而显示了继承的灵活性。方法也是类的成员，其继承规则与成员变量的继承规则一样，取决于访问限制类型。

【例 3-9】public 方法继承示例。

```
1   class A{
2       void showA(){
3           System.out.println("父类public方法: showA()");
4       }
5   }
6   class B extends A{
7       public void showB(){
8           System.out.println("子类继承父类方法 : showB()");
9           this.showA();
10      }
11  }
12  public class Sample4_10 {
13      public static void main(String[] args) {
14          B b = new B();
15          b.showB();
16      }
17  }
```

运行结果如图 3.18 所示。

```
<terminated> Sample4_10 [Java Appl
子类继承父类方法：showB()
父类public方法: showA()
```

图 3.18 例 3-9 运行结果

从运行结果可以看出，子类可以继承父类的 public 类型方法，其他访问限制类型的方法不再赘述。

在子类的方法中，若与继承过来的方法具有相同的方法名，就构成了方法的覆盖，方法的覆盖可以使子类有各自的特有行为。如果子类重写了父类的方法，则调用方法时，会自动指向子类的方法，而将父类的同名方法隐藏。

【例 3-10】方法覆盖示例。

```
1   class A{
2       void show(){
3           System.out.println("父类public方法: show()");
4       }
```

```
5    }
6    class B extends A{
7        public void show(){
8            System.out.println("子类覆盖方法：show()");
9        }
10   }
11   public class Sample4_11 {
12       public static void main(String[] args) {
13           B b = new B();
14           b.show();
15       }
16   }
```

运行结果如图 3.19 所示。

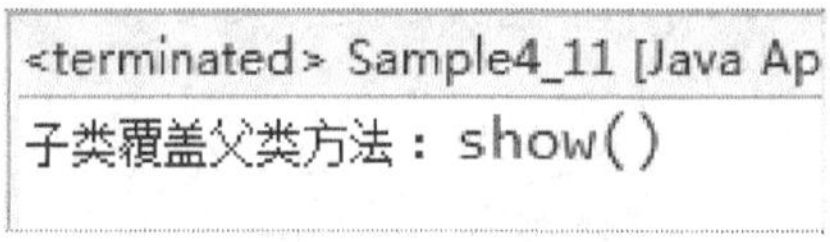

```
<terminated> Sample4_11 [Java Ap
子类覆盖父类方法：show()
```

图 3.19 例 3-10 运行结果

由运行结果可见子类的 show 方法成功地覆盖了父类的方法。

构成方法的覆盖，子类中的方法名与参数列表必须完全与被重写的父类方法相同，一旦构成覆盖（重写），就必须遵循如下规则。

◆ 返回类型若为基本数据类型，则返回类型必须完全相同，若为引用类型，则必须与被重写方法的返回类型相同，或继承被重写方法的返回类型。

◆ 访问级别的限制一定不能比覆盖方法的限制小，可以比被重写方法的限制大。

◆ 不能重写 final 方法。

◆ 覆盖是基于继承的，如果不能继承一个方法，则不能构成覆盖，不必遵循覆盖规则。

【例 3-11】方法的继承与覆盖示例。

//父类定义

```
public class Sample5 {
    public void print()
    {
        System.out.println("这是父类的print方法");
    }
    public void Study()
    {
        System.out.println("这是父类Study方法");
    }
    public void  Work()
    {
        System.out.println("这是父类Work方法");
```

```
        }
}
        //子类定义
public class Example2 extends Sample5
{
    public void print()
    {
            System.out.println("这是子类中的print方法");
    }
    public void Study()
    {
            System.out.println("这是子类中的Study方法");
    }
    public static void main(String args[])
    {
    Example2 ex=new Example2();
    ex.print();
    ex.Study();
    ex.Work();
    }
}
```

运行结果如下。

这是子类中的 print 方法

这是子类中的 Study 方法

这是父类 Work 方法

运行结果说明，子类 Example2 中覆盖了父类中的 prin()t 和 Study()方法，所以运行结果是子类中的方法，而 Work()方法并没有被覆盖，由于访问权限是 public，它继承了父类的方法，所以显示结果中是父类的方法。

利用继承，先创建一个共有属性的一般类，然后根据该一般类创建具有特殊属性的新类，新类继承一般类的状态和行为，并根据需要增加它自己的新状态和行为。

【例 3-12】编写 Person 类和 Student 类， Person 类具有姓名、年龄、性别属性以及属性的 getter、setter、eat()、sleep()和 toString 方法，Student 类继承自 Person 类，并且有自己的属性学校、学号及方法 study()。

```
1    class Person {
2        String name;
3        int age;
4        String sex;
5        //父类的无参构造方法
6        public Person() {
```

```java
 7          System.out.println("========父类中的构造方法========");
 8      }
 9      public void eat(){
10          System.out.println("人类都要吃饭。");
11      }
12      public void sleep(){
13          System.out.println("人类都要睡觉。");
14      }
15      public String toString() {
16          return "姓名是："+name+",性别是："+sex+",年龄是："+age;
17      }
18      //getter和setter方法
19      ……
20  }
21  class Student extends Person{
22      private String school;
23      private String studentNo;
24      public Student() {
25          System.out.println("========子类中的构造方法========");
26      }
27      public void study(){
28          System.out.println("学生的主要工作就是学习，学习专业相关的知识与技能。");
29      }
30      @Override
31      public String toString() {
32          return "该学生"+super.toString()+",学校是："+school+",学号是：
    "+studentNo;
33      }
34      //getter和setter方法
35      ……
36  }
37  public class PersonTest {
38      public static void main(String[] args) {
39          Student student = new Student();
40          student.setName("tomy");
41          student.setAge(18);
42          student.setSex("男");
43          student.setSchool("SIIT");
44          student.setStudentNo("1028473827");
```

```
45            System.out.println(student);
46      }
47  }
```

子类可以继承父类中访问权限设定为 public、protected、default(父类和子类在同一个包中时可用)的成员变量和方法，但是不能继承访问类型为 private 的成员变量和方法。

需要注意的是，继承是代码重用的一种方式，滥用继承会造成很严重的后果。只有需要向新类添加新的操作，并且把已存在类的默认行为融合进新类中时，才需要继承已存在的类。

4. 构造方法的继承

在使用 new 操作符创建类的实例对象并为其分配内存空间时，系统会自动调用类的构造方法。构造方法用来初始化类属性，确定对象的初始状态。子类能够无条件地继承父类不带参数的构造方法，当通过子类构造方法创建子类对象时，先执行父类不含参数的构造方法，再执行子类的不含参数的构造方法。

例 3-12 的运行结果如图 3.20 所示。

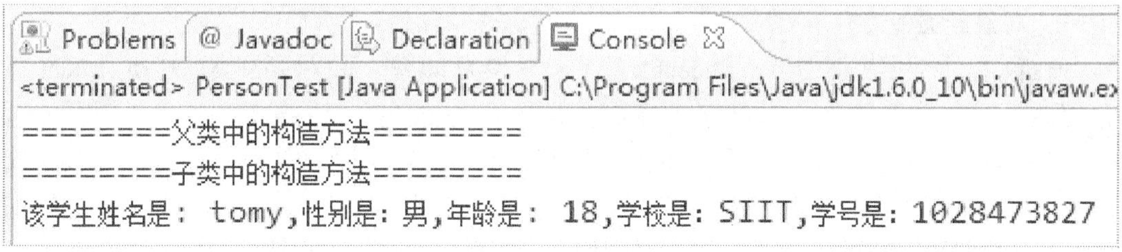

图 3.20　例 3-12 程序运行结果

从运行结果可以看出，创建子类对象 student 时，先调用父类的构造方法 Person()，然后调用子类的构造方法 Student()。

如果把父类的无参构造方法改为有参构造方法：

```
1    public Person(String name, int age, String sex) {
2            this.name = name;
3            this.age = age;
4            this.sex = sex;
5        }
```

则子类会报错，提示无法继承自父类的无参构造方法。这是因为一旦在类中定义了带参数的构造方法，系统就不会自动创建不带参数的构造方法，而子类无法继承父类中不带参数的构造方法，就会报编译错误。由于各个父类都有可能要被继承，因此，在定义了带参数的构造方法后，一定要加上无参数的构造方法。父类、子类的无参、有参构造方法如下。

```
1    public Person() {
2            System.out.println("========父类中的无参构造方法========");
3        }
4  public Person(String name, int age, String sex) {
5      System.out.println("========父类中的有参构造方法========");
6            this.name = name;
7            this.age = age;
```

```
8           this.sex = sex;
9       }
10  public Student() {
11          System.out.println("========子类中的无参构造方法========");
12      }
13      public Student(String name, int age, String sex,String school, String
    studentNo) {
14          System.out.println("========子类中的有参构造方法========");
15          super(name,age,sex);//调用父类构造方法
16          this.school = school;
17          this.studentNo = studentNo;
18      }
```

5. 对象的类型转换

前面的基本数据类型转换，如 double 型自动转换为 int 型，int 型强制类型转换为 float 型，在实际应用中，类型转换不仅发生在基本数据类型中，也发生在引用数据类型中。这里的类型转换绝不是任意类型的转换，而是发生在继承过程中的转换，即子类转换成父类或父类转换成子类。

对于子类转换成父类，由于父类更加通用，而子类更加具体，所以子类对象可以归属到父类中，即子类可以自动转换成父类对象。父类对象转换为子类对象时，必须强制类型转换。

【例 3-13】Teacher 类也继承自 Person 类，该类具有学校、教工号属性和教学方法。在测试方法中编写 testPerson 方法测试学生的学习方法和教师的教学方法。

```
1   public class PersonTest {
2       public void testPerson(Person p){
3           if(p instanceof Student){
4               Student s = (Student) p;
5               System.out.println(s);
6               s.study();
7           }else if(p instanceof Teacher){
8               Teacher t = (Teacher) p;
9               System.out.println(t);
10              t.teach();
11          }
12      }
13      public static void main(String[] args) {
14          Person student = new Student("tomy",18,"男","SIIT","11341145");
15          Person teacher = new Teacher("jack", 30, "男", "SIIT", "00645");
16          PersonTest pt = new PersonTest();
17          pt.testPerson(student);
```

```
18        pt.testPerson(teacher);
19    }
20 }
```

程序中的 instanceof 运算符是用来在运行时指出对象是否是特定类的一个实例，它返回 boolean 类型的数据。编译程序，运行结果如图 3.21 所示。

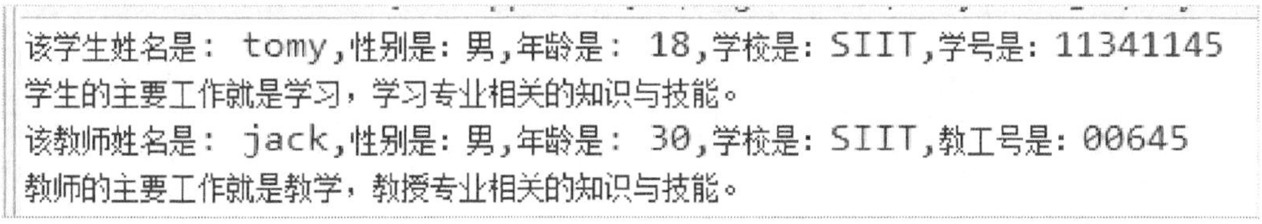

该学生姓名是：tomy,性别是：男,年龄是：18,学校是：SIIT,学号是：11341145
学生的主要工作就是学习，学习专业相关的知识与技能。
该教师姓名是：jack,性别是：男,年龄是：30,学校是：SIIT,教工号是：00645
教师的主要工作就是教学，教授专业相关的知识与技能。

图 3.21　例 3-13 运行结果

3.2.2　super 关键字

Java 中通过 super 来实现对父类成员的访问，super 用来引用当前对象的父类。super 的使用有 3 种情况。

（1）访问父类中被隐藏的成员变量。例如：

```
super.变量名
```

（2）调用父类中被覆盖的方法。例如：

```
super.方法名([参数列表])
```

（3）调用父类中的构造方法。例如：

```
super([参数列表])
```

第一种 super 的用法，访问父类中被隐藏的成员变量，如例 3-6 程序中，访问父类 Father 的隐藏变量 j，即 super.j。例 3-7 访问父类 A 的变量 name,即 super.name。调用父类中被覆盖的方法与调用父类中构造方法可以通过例 3-13 的程序理解。

【例 3-14】this 与 super 关键字的使用示例。

```
1  package phase;
2  class Person1 {
3      private String name;
4      public Person1() {
5          this.name = "无名氏";
6      }
7      public Person1(String name) {
8          this.name = name;
9      }

10     public String getName() {
11         return this.name;
12     }
13     public void sayHello() {
```

```
14          System.out.println("大家好! 我是" + this.name);
15      }
16  }

17  class Student1 extends Person1 {
18      private int sid;

19      public Student1() {
20          super();
21          this.sid = -1;
22      }

23      public Student1(String name,int sid) {
24          super(name);
25          this.sid =sid;
26      }

27      public void sayHello() {
28        System.out.println("大家好! 我是学生" + super.getName());
29      }
30  }

31  public class TestPerson {
32      public static void main(String[] args) {
33        Person1 p = new Person1("张珊");
34          p.sayHello();
35        Student1 s1 = new Student1();
36          s1.sayHello();
37        Student1 s2 = new Student1("刘斌",001);
38          s2.sayHello();
39      }
40  }
```

在子类的构造方法中，必须通过 super 的形式调用父类的构造方法，如果没有调用，JVM
就以 "super()" 的形式调用父类的无参构造方法。例如，子类 Student1 定义代码中的第 20 和第
24 行分别是使用super 父类的无参构造方法与有参构造方法；第 27～第 29 行重写父类 sayHello()
方法。第 28 行打印输出语句中调用了父类的成员方法 getName()。运行结果如图 3.22 所示。

```
Console ✕
<terminated> TestPerson [Java Application] C:\Program Files\Java\jre1.7.0_17\bin\javaw.exe
大家好！我是张珊
大家好！我是学生无名氏
大家好！我是学生刘斌
```

图 3.22　例 3-14 运行结果

3.2.3 多态

多态是在类体系中把设想（想要"做什么"）和实现（该"怎么做"）分开的方法，它是从设计的角度考虑的。多态性意味着某种概括的动作可以由特定的方式来实现，这种特定的方式取决于执行该动作的对象。

多态是面向对象程序设计的重要特性。多态性就是指同一个名称的若干方法有不同的实现（即方法体中代码的功能不同）。即不同的对象有相同的形态或轮廓，但具体执行的过程却大相径庭。例如，汽车驾驶员在开车时都知道遇到"红灯时要刹车"，而与驾驶的汽车型号无关，所有的车都具有相同的轮廓和刹车。

从面向对象的语义角度，可以简单理解为多态就是"相同的表达式，不同的操作"，也可以说成"相同的命令，不同的操作"。即多态是具有表现多种形态的能力的特征，使同一个实现接口使用不同的实例来执行不同的操作。

多态有重载技术和覆盖技术两种。覆盖是在子类中直接定义和父类同样的属性和方法，但重新编写了方法体，即子类与父类方法的形参与返回值都相同，而内部处理不同，这种方法在使用过程中，Java 虚拟机会根据调用这个方法的类来确定哪个方法被调用。例如我们知道乐器都可以被演奏，钢琴是用手弹的，小提琴是用手拉的，笛子是用嘴吹的，这就是多态性的一个体现，是覆盖方法表现出的多态性。

【例 3-15】覆盖方法的多态性示例。

```java
1   class Instrument{
2       public void play(){ }
3   }
4   class Piano extends Instrument{
5       public void play() {
6           System.out.println("钢琴是用手弹的");
7       }
8   }
9   class Violin extends Instrument{
10      public void play() {
11          System.out.println("小提琴是用手拉的");
12      }
13  }
14  class Flute extends Instrument{
15      public void play() {
```

```
16            System.out.println("笛子是用嘴吹的");
17        }
18  }
19  public class InstrumentTest {
20      public void testPlay(Instrument i){
21          i.play();
22      }
23      public static void main(String[] args) {
24          InstrumentTest it = new InstrumentTest();
25          it.testPlay(new Piano());
26          it.testPlay(new Violin());
27          it.testPlay(new Flute());
28      }
29  }
```

运行结果如图 3.23 所示。

> <terminated> InstrumentTest [
> 钢琴是用手弹的
> 小提琴是用手拉的
> 笛子是用嘴吹的

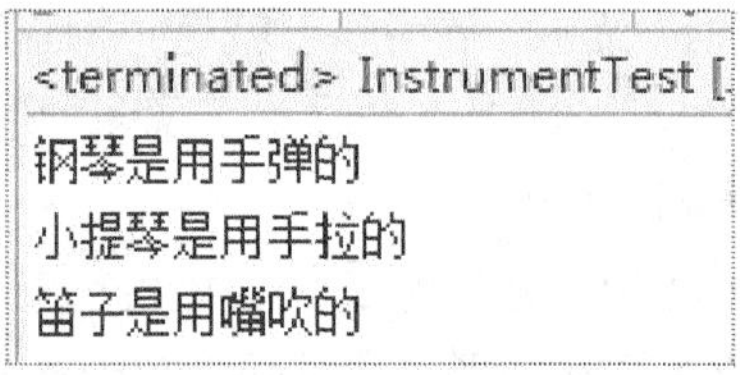

图 3.23　运行结果

从运行结果可以看出，在 testPlay 方法中，虽然引用指向的是 Instrument 类，并且调用了 Instrument 的 play 方法，但是实际调用却根据传入的对象来决定，这样就实现了多态，以后有其他类型的乐器子类也可以一样调用。使用多态之后，当需要增加新的子类时，无须更改超类，程序具有很好的灵活性和可扩展性。在 Java 开发中，基于继承的多态就是指对象功能的调用者用超类的引用来调用方法。

【例 3-16】构造方法重载的多态性示例。

```
class Person { // 定义Person类
    protected  String name;  //姓名
    protected  String sex;   //性别
    protected  int age;   //年龄
    public void register(String n,String s) {    //设置姓名和性别
        name=n;
        sex=s;
    }
    public void register(int a) {    //设置年龄
        age=a;
    }
    public  void  register(String n,String s,int a) { //设置数据成员
```

```
        name=n;

        sex=s;

        age=a;

    }

    public void showMe() { //显示人员信息

    System.out.println("姓名: "+name+", 性别: "+sex+", 年龄: "+age);

    }

}

public class sample3 {

    public static void main(String args[]) {

    Person p1=new Person();

    Person p2=new Person();

    p1.register("章鹏","男",18);

    p2.register("李欣","女");

    p2.register(19);

    p1.showMe();

    p2.showMe();

    }

}
```

运行结果如图3.24所示。

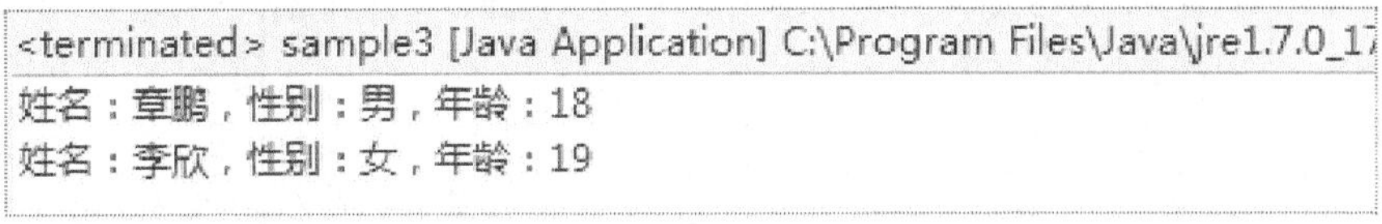

<terminated> sample3 [Java Application] C:\Program Files\Java\jre1.7.0_17

姓名：章鹏，性别：男，年龄：18

姓名：李欣，性别：女，年龄：19

图3.24　例3-15运行结果

上述代码中定义了3个register()构造方法，3个方法具有不同的参数列表。从运行结果可以看出，创建对象初始化时根据实参的不同，自动匹配调用相应的构造方法。

方法的覆盖（overriding）和重载（overloading）是Java多态性的不同表现。覆盖（也称为重写）是父类与子类之间多态性的一种表现，重载是一个类中多态性的一种表现。

多态性使一个父类的引用变量可以指向不同的子类对象，并且在运行时根据父类引用变量所指向对象的实际类型执行相应的子类方法。Java实现运行时多态性的基础是动态方法调度，它是一种在运行时，而不是在编译时调用重载方法的机制。运行时多态性是面向对象程序设计代码重用的一个强大机制。

多态的特点如下。

（1）应用程序不必为每一子类都编写功能调用，只需要对父类进行处理即可，这样大大提高了程序的可复用性。

（2）子类的功能可以被父类的方法或引用变量调用，这称为后兼容，这样不必考虑将来还会有多少继承自父类的子类，都可以使用这种形式进行调用，增强了程序的可扩展性和可维护性。

所以说 Java 多态表现在以下 3 个方面。

① 方法的重载。

对于方法的重载，在编译程序时，根据调用语句中给出的参数，可以决定在程序执行时调用同名方法的不同版本，这种编译时的绑定称为前期绑定。

② 方法的覆盖。

对于方法的覆盖，只有在程序执行时，才能决定调用同名方法的版本，这种运行时的绑定称为后期绑定。

③ 动态绑定。

动态绑定也称为后期绑定，对于父类中定义的方法，如果子类中重写了该方法，那么父类的引用将会调用子类中的这个方法，这就是动态绑定。

3.2.4　面向对象的特征

面向对象是一种思想，是我们考虑事情的方法，通常表现为是将问题的解决按照过程方式来解决，还是将问题抽象为一个对象来解决。Java 中面向对象的特征主要表现在继承、多态、封装，如表 3-2 所示。

表 3-2　面向对象的特征总结

OO 基本特征	定义	具体实现方式	优势
封装	隐藏实现细节，对外提供公共的访问接口	属性私有化、添加公有的 setter、getter 方法	增强代码的可维护性
继承	从一个已有的类派生出新的类，子类具有父类的一般特性，以及自身特殊的特性	继承需要符合的关系：is-a	实现抽象（抽出相像的部分），增强代码的可复用性
多态	同一个实现接口，使用不同的实例而执行不同的操作	通过 Java 接口/继承来定义统一的实现接口；通过方法重写为不同的实现类/子类定义不同的操作	增强代码的可扩展性、可维护性

技能训练

员工分为普通员工、销售员、部门经理 3 种角色；所有员工都具有的属性包括编号、姓名、性别、部门、基本工资、电话等，根据角色的不同，员工工资的计算方法也不同。

具体工资计算如下。

普通员工：　基本工资+交通补贴（100）+岗位工资（500）

销售员：　基本工资+交通补贴（500）+通信补贴（200）+岗位工资（销售额%2）

部门经理：　基本工资+住房补贴（基本工资*15%）+交通补贴（基本工资*10%）+岗位工资（1000）

要求：（1）创建父类与子类，实现成员方法（与任务 3.2 相同）

（2）创建管理类：实现员工信息的增、删、改、查功能。

（3）在测试时，从键盘输入数据，调用类方法输出信息。

提示：　　从键盘输入数据，导入包 import java.util. Scanner ;

Scanner input = new Scanner(System.in);

课后作业

一、思考题

1. 什么是封装？如何实现类成员变量的封装？

2. 在 Java 程序中，代码封装的好处是什么？

3. 什么是构造方法？Java 中的构造方法与实例方法，有什么区别？

4. 举例说明什么是方法重载，什么是方法覆盖。

5. 方法重载与方法覆盖有何区别？分别应用于什么场合？

6. 举例说明在什么情况下，需要使用到继承。

7. 成员访问权限有哪些？各有什么特点？

8. 举例说明类静态成员的特点。

9. 什么是多态，如何实现多态？

10. 在 Java 程序中，使用多态性的好处是什么？

二、上机操作题

1. 按照以下要求定义类 Student ，该类包含 3 个属性：学号（sid）、姓名（sname）、班级（cn）。

（1）定义构造函数，并在构造函数中为 3 个属性赋初值（学号：341032；姓名：王嘉诚；班级：信息 12E1）。

（2）为 3 个属性分别设置 getter 和 setter 方法。

（3）定义方法 public void printStudent()，打印输出学号、姓名和班级的信息。

（4）编写 main 方法，测试 Student 类的 printStudent 方法。

2. 定义一个描述长方体的类 Box，该类中有 3 个整型成员变量：length（长度）、width（宽度）、heigh（高度）。

（1）定义构造函数，初始化这 3 个变量：长度为 10，宽度为 15，高度为 20。

（2）定义方法 public double getVolume()求长方体的体积并返回整型结果；定义方法 public double getArea()求长方体的表面积并返回整型结果；定义方法 public String toString()，把长方体的长、宽和高，以及长方体的体积和表面积转化为字符串并返回字符串。

（3）编写 main 方法，创建类 Box 的对象 box，并通过 toString 方法输出长方体的相关信息。

3. 按照要求定义两个类 A 和类 B。

（1）在类 A 中定义两个属性：一个 int 类型 z（16），一个 double 类型 x（65）；在类 A 中定义方法 public void myPrint()，打印输出 z 和 x 的值。

（2）类 B 是类 A 的子类，在类 B 中定义了两个属性，一个是 double 类型的 y 和 String 类型的 s，在 B 的构造方法中分别将 y 和 s 赋值为 16.0 和"java program!"；在类 B 中定义方法 public void myPrint()，打印输出 y 和 s 的值；在类 B 中定义方法 public void printAll()，分别调用父类和子类的 myPrint()方法。

（3）在类 B 中编写 main 方法，创建类 B 的对象 b，调用 printAll()方法。

4. 编写程序实现不同图形之间的继承关系。

（1）编写 Shape 类，要求如下。

① int 类型属性 x 和 y，分别表示图形的中心点坐标。

② 无参构造方法。

③ 构造方法，对 x 和 y 进行初始化。

④ draw()方法，输出 "Shape draw"。

（2）编写 Circle 类，继承 Shape 类，要求如下。

① double 类型属性 r，表示圆的半径。

② 无参构造方法，将 r 初始化为 1.0。

③ 构造方法，对 r 进行初始化。

④ 构造方法，对 x、y、r 进行初始化。

⑤ draw()方法，输出 "draw in circle" 和 x、y、r 的值。

（3）编写 Rectangle 类，继承 Shape 类，要求如下。

① double 类型属性 height 和 width，表示矩形的高和宽。

② 无参构造方法，将 height 和 width 都初始化为 1.0。

③ 构造方法，对 height 和 width 进行初始化。

④ 构造方法，对 x、y、height、width 进行初始化。

⑤ draw()方法，输出 "draw in rectangle" 和 x、y、height、width 的值。

（4）编写测试类 ShapeTest 测试以上代码。

5. 定义一个抽象类 Person，其中有一个公共的抽象方法 work()。

定义 Person 的子类：学生(Student)、教师(Teacher)。

学生的工作是预习、学习、复习、写作业；教师的工作是备课、上课、辅导、批改作业。

编写 Test 类，分别对学生和教师的工作方法进行测试，体现多态性。

PART 4

项目四
图形用户界面设计

学习目标

- 最终目标:
- ✧ 能熟练使用 Swing 组件设计图形用户界面、响应用户事件编写操作逻辑。
- 促成目标:
- ✧ 熟悉 Swing 程序包的层次结构。
- ✧ 熟悉使用 Swing 开发程序的基本步骤。
- ✧ 熟悉 Java 事件的处理机制及事件监听接口的方法功能。
- ✧ 能熟练使用各种布局管理器。
- ✧ 能熟练使用 Swing 程序包中的常用组件及处理事件。
- ✧ 能熟练使用事件监听接口和适配器写出不同方式的事件处理程序。

工作任务

子任务名称	任务描述
任务 4.1 用户登录界面设计	设计一个基于 Windows 的用户登录界面,实现输入用户名与密码,下拉选择角色。当用户单击"确定"按钮时,如果用户名与密码输入正确,则显示"欢迎登录 SMMS 超市购物系统"消息框,否则显示"输入信息出错,请重新输入"信息框
任务 4.2 商品信息管理界面设计	设计一个商品信息管理界面,界面的布局为商品信息列表的界面、商品信息管理的界面,以及增加、删除、修改、查询等功能按钮 3 个部分。单击添加按钮,可以将商品文本框内容清空,设为可编辑状态;单击修改按钮可以修改商品信息;单击删除按钮可以将商品信息清空;单击退出按钮可以关闭系统。

任务 4.1　用户登录界面设计

任务目标

1. 熟悉 javax.swing 包中的常用 GUI 组件。
2. 理解 Action 事件的处理方式。
3. 了解常用布局管理的特点。
4. 能运用 swing 包中的外观设置美化界面。
5. 能运用常用的 GUI 组件设计用户登录界面。
6. 能使用事件监听接口和适配器写出不同方式的事件处理程序。

任务分析

购物系统的用户登录界面如图 4.1 所示。该界面的主要控件有：窗体、标签、按钮、文本框。按钮功能为：当输入用户名为 "SMMS"，密码为 "123456"，角色为 "管理员" 时，显示登录成功；否则显示 "输出信息错误,请重新输入"。

图 4.1　用户登录界面

首先，创建并设计窗体，设置窗体的大小、位置、布局、可见性；在窗体中添加面板，设置面板的布局；在窗体中添加标签，设置标签显示的内容、位置、大小、可见性等属性；在窗体中添加文本框，设置文本框的显示内容、位置、大小、可见性等属性；在窗体中添加按钮，设置按钮的显示内容、位置、大小、可见性等属性；在窗体中添加下拉列表，设置下拉列表的选项和内容。为 "确定" 按钮添加监听事件，响应用户操作。所有这些设置既可以在窗体设计器中完成，也可以通过编码来实现。项目任务 1 的样式如表 4-1 所示。

表 4-1　项目任务 1 样式表

分类	编号	项目名	类型	输入	表示	必须	处理内容（数据库表状况、条件、计算式、判断、快捷键等）
登录界面	1	用户名：	标签			○	显示文本登录名
	2	密码：	标签			○	显示文本密码
	3	用户名	文本框	○			输入登录账号，非空验证
	4	登录密码	密码框	○			输入登录密码，非空验证
	5	角色	选择框	○			选择用户角色
	6	登录	按钮	○			验证用户名和密码是否正确
	7	取消	按钮	○			退出系统

说明：本系统界面均使用 Eclipse 的 indigo 工具进行设计。该系统的界面文件均存放在com.smms.form 包中。

实现过程

步骤一：创建设计和布局窗体

方法一：在 Package Explorer 视图区域，右击项目工程文件所在的包，选择快捷菜单【New】，如果【New】下拉菜单中没有【Swing】，则选择【Other】，根据向导提示，双击 WindowBuilder 中的 Swing Designer，单击【JFrame】控件，输入类名 Login 单击【确定】按钮，这样窗体 JFrame 就创建成功了。

方法二，单击工具栏中的 按钮，选择 Swing 下拉菜单，单击【JFrame】控件，输入类名 Login，单击【确定】按钮，则窗体创建成功，WindowsBuilder Editor 窗口的构成如图 4.2 所示。

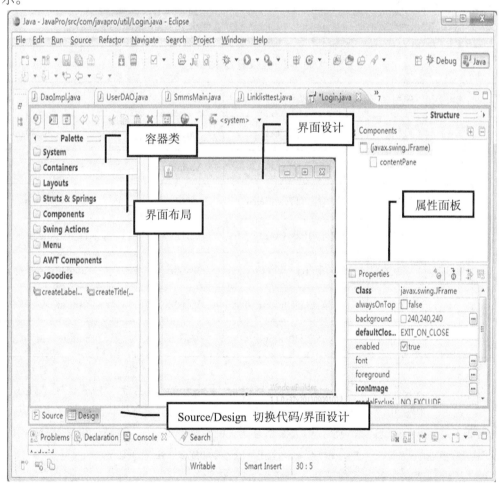

图 4.2　WindowsBuilder Editor/Design 界面

注意：　WindowsBuilder Editor 界面的手动打开方式为选择要设计界面的 Java 文件（Login.java），右击鼠标，选择快捷菜单【Open with】，单击下拉菜单【WindowsBuilder Editor】

即可进入如图 4.2 所示界面。编辑方式可以选择 sources 或 Design。其中 sources 是源代码界面，是通过编写代码的方式，详细设置窗体属性；Design 界面是可视化界面设计，可以便捷地设置窗体的各个属性。

布局设置步骤：在 WindowBuilder Editor 的 Designer 界面的工具箱中选择布局工具，如图 4.3 所示，在此为了便于设计界面，选择 Absolute layout 布局。

图 4.3　布局设置工具

设置 Absolute layout 布局的方法为：在工具框中选中 Absolute layout 按钮，将其拖动至窗体上单击设置窗体布局。

步骤二： 添加标签、文本框、并设置其属性。

在窗体中添加如图 4.1 所示的控件，根据表 4-2 设置各控件的属性。

表 4-2　登录项目样式表

页面	编号	项目名	类型	属性	属性值
登录界面	1	登录名	标签（JLabel）	Variable	lblNewLabel_userName
	2	密码	标签（JLabel）	Variable	label_password
	3	用户名	文本框（JTextField）	Variable	textField_userName
	4	密码	密码框（JPasswordField）	Variable	passwordField
	5	角色	选择框（JComboBox）	Variable	comboBox_role
	6	登录	按钮（JButton）	Variable	button_ok
	7	取消	按钮（JButton）	Variabl	button_quit

创建标签、文本框、密码框和选择框。选择标签工具 JLabel 创建 3 个标签，用来显示"用户名"、"密码"和"角色"，选择文本框工具 JTextField 创建两个文本框，用来输入用户名，选择密码框工具 JPasswordField 创建密码框，用来输入密码，创建选择框 JComboBox，用来选择角色，并添加相应的角色"收银员"和"管理员"，各控件将自动添加到面板中。

对照控件样式表命名各控件变量。调整设计控件的位置、大小、样式、标题、文字字体。下面介绍本任务中用到的控件。

标签（Jlabel）的属性如图 4.4 所示，可以通过属性（Properties）窗口设置 JLabel 的相关属性，如变量名（Variable）、初始位置和大小（Bounds）、是否可用（enabled）、字体（font）、前景色（foreground）、垂直对齐方式（horizongtalAlign）、图标（icon）、显示文本（text）、水平

对齐方式（verticalAlignment）。

图 4.4　JLabel 属性

在 Resource 界面中可以对 JLable 属性进行更详细的设计。

文本框（JtextField）的属性如图 4.5 所示，可以通过属性（Properties）窗口设置 JTextField 的相关属性，如变量名（Variable）、初始位置和大小（Bounds）、背景色（background）、是否可用（enabled）、是否可编辑（editable）、字体（font）、前景色（foreground）、垂直对齐方式（horizongtalAlign）、图标（icon）、显示文本（text）、水平对齐方式（verticalAlignment）。

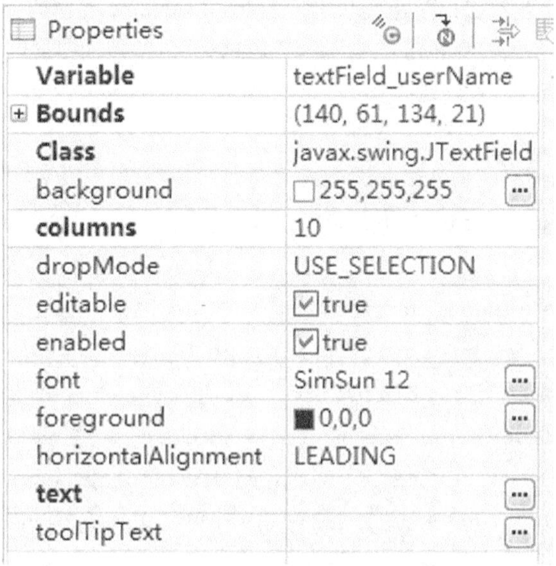

图 4.5　JTextField 属性示意图

选择框（JcomboBox）的属性如图 4.6 所示：可以通过属性（Properties）窗口设置 JComboBox 的相关属性，如变量名（Variable）、初始位置和大小（Bounds）、背景色（background）、是否可用（enabled）、是否可编辑（editable）、字体（font）、前景色（foreground）、最大行数

（maximumRowCount）、选择项（model）、默认选择项（selectIndex）、垂直对齐方式（horizongtalAlign）、图标（icon）、显示文本（text）、水平对齐方式（verticalAlignment）。

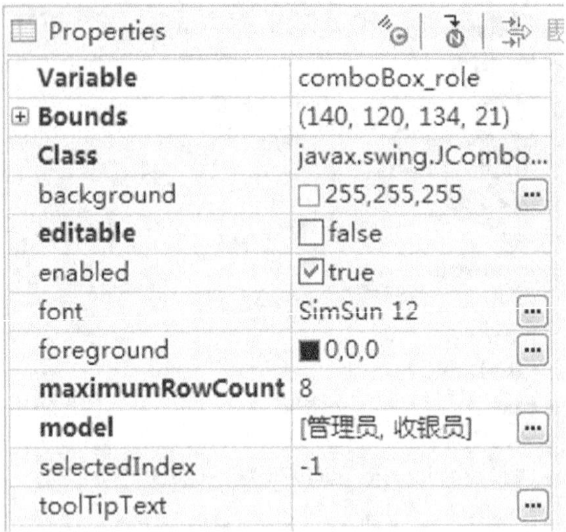

图 4.6　JComboBox 属性示意图

步骤三：添加按钮单击事件处理方法

为按钮添加单击事件处理方法，可以双击"确定"按钮，或右击【确定】按钮，选择快捷菜单【add event handler】中的【action】(其他类型事件可以对应选择)进入源代码界面。在源代码界面 source 的编辑区域中，按照按钮事件功能，编写处理方法的代码。

"确定"按钮事件处理方法：首先获取用户名 tex_username 与密码 txt_pwd 文本框的值，然后判断其值，如果用户名为"SMMS"，密码为"123456"，角色为"管理员"，则显示登录成功，否则显示"输出信息错误,请重新输入"。

核心代码如下。

```
import java.awt.event.ActionListener;
import java.awt.event.ActionEvent;
…
button_ok.addActionListener(new ActionListener() {
    public void actionPerformed(ActionEvent e) {
    String userName=textField_userName.getText();
    String passWord=String.valueOf(passwordField.getPassword());
    String role=(String)comboBox_role.getSelectedItem();
    if(userName==null||userName.length()<=0||passWord==null||passWord.lengt
h()<=0||role==null||role.length()<=0){
    JOptionPane.showMessageDialog(contentPane, "请输入完整登录信息！");
    }
elseif(userName.equals("SMMS")&& passWord.equals("123456")&&role.equals("管理
员"))
    JOptionPane.showMessageDialog(contentPane, "欢迎登录SMMS超市购物系统！");
```

```
else
    JOptionPane.showMessageDialog(contentPane, "输入信息错误,请重新输入! ");
    }
});
```

"取消"按钮的处理方法：退出系统。

```
button_quit.addActionListener(new ActionListener() {
    public void actionPerformed(ActionEvent e) {
        System.exit(0);
    }
});
```

技术要点

1．创建图形用户界面的基本步骤

（1）建立用户界面。

① 创建一个容器类，以容纳其他要显示的组件。

② 设置布局管理器。

③ 添加相应的组件。

（2）增加事件处理。

① 编写事件监听类（内含事件处理方法）。

② 在事件源上注册事件监听对象。

（3）显示用户界面。

2．顶层容器类 JFrame

顶层容器是图形化界面显示的基础，JFrame 是一个框架窗口的顶层容器类，使用的步骤和常用方法如下。

（1）引入 import javax.swing.JFrame;访问图形类。

（2）JFrame(String title) 构造方法生成窗体。

（3）setSize(int w,int h)设置框架窗口的大小。

（4）setVisible(true) 设置窗体可见。

（5）setTitle(String title)设置窗口的标题。

3．布局管理器

Java 为了实现跨平台的特性并获得动态的布局效果，通常是将容器内的所有组件安排给一个"布局管理器"负责管理，容器可以通过选择不同的布局管理器来决定布局。常用的布局方式有流式布局（FlowLayout）、边框式布局（BorderLayout）、网格布局（GridLayout）、卡片布局（CardLayout）、绝对定位（AbsoluteLayout）等。

4．swing 常用组件

（1）标签（JLabel）。

Jlabel 是用来显示文本的组件，一个标签对象显示一行静态文本，起着传递消息的作用。程序可以改变标签的内容，但是用户不能修改，只能查看其内容。其构造方法如下。

Public JLabel(String s，int how）创建一个以参数 S 为显示文本的标签，以参数 how 指定它的对齐方式。

（2）文本框（JTextField）。

JTextField 用于接收用户通过键盘输入的可编辑单行文本，如果要求用户在界面输入密码，就不使用文本框，而是使用密码框 JPasswordField。JPasswordField 类继承自 JTextField 类，因此其具有文本框的所有功能。密码框与 JTextField 类不同的是，其不回显输入的内容，而是使用特定的回显字符（如"*"）来代替。

（3）选择框（JComboBox）。

选择框（JComboBox）也称为下拉列表框，用户可以从下拉列表中选择相应的值，通过方法 setSelected Item()或 setSelectedIndex()设置选择框的默认选项，还可以通过方法 setEditable()将选择框设置为可编辑的，即选择框可以接受用户输入的信息。

（4）按钮（JButton）。

JButton 是用来触发特定动作的组件。当用户用鼠标单击按钮时，系统会自动执行与该按钮相联系的程序，从而完成预先指定的功能。

项目任务中使用了标签、文本框、选择框、按钮等，它们都是 javax.swing 包中常用的组件，它们的直接或间接父类都是 JComponent 类，因此都继承或覆盖父类的很多方法。例如：

① 方法 setBackground(Color clr)可设置组件的背景颜色。

② 方法 setForeground(Color.white)可设置组件的前景颜色（组件上文字的颜色）。

③ 方法 setText(String text)可设置组件上文本。

④ 方法 getText(String text)可得到组件上的文本。

⑤ 方法 setFont(Font font)可设置组件上的文本的字体。

⑥ 方法 setToolTipText(String text)可设置鼠标停留在一个安装了弹出信息的组件。

⑦ 方法 setBorder(Border newValue)可设置组件的边缘边框效果。

5．事件处理

GUI 程序设计主要完成两个层面的任务。首先是程序外观面的设计，其次要为各种组件对象提供响应与处理不同事件功能的支持，使程序具备与用户或外界事物交互的能力。Java 的事件就是一种消息对象，又称为事件对象，它通常由用户操作程序的 GUI 组件触发，如单击按钮组件、键盘输入、单击鼠标、双击鼠标、在文本输入区域内获取输入焦点等。引发事件的按钮组件本身并不负责事件的处理，而是将按钮引发的事件委托给其他对象处理，该对象称为监听对象或监听器。Java 中处理事件的对象通常是名称为 XxxxxListener（如 ActionListener 等）的接口对象，这些接口中包含很多没有具体实现的处理事件的抽象方法（如动作事件处理方法 actionPerformed()）。事件处理编程就是编写这些方法的方法体中的具体代码，完成指定的功能。

程序中使用了动作监听器 (ActionListener)。ActionListener 只监听一个事件，这个事件在其相关组件上产生动作时触发，因此叫作动作事件 (ActionEvent)。

ActionListener 只有一个方法需要实现，就是 actionPerformed(ActionEvent ae)。在本项目任务中，输入"用户名"和"密码"，单击【登录】或【取消】按钮后发生的事情就是 Swing 要处理的事件，引起动作监听器，则调用 actionPerformed 方法。

拓展练习

在操作计算机或使用各类软件时，在屏幕上能看到各种各样的"界面"，它们都是由各种各样的"组件"构成的，每一种组件都有自身的绘制方式，这些组件怎么绘制，系统中都已经封装好了，用户只需要做简单的调用即可。Java 中主要通过 GUI（Graphical User Interface）组件库实现。目前，知名的三大 GUI 库分别如下。

（1）AWT（Abstract Window Toolkit ）是抽象窗口工具集，包含于所有的 Java SDK 中，是 Java 基本类(JFC)的核心，主要为用户提供基本的界面组件。

（2）Swing 高级图形库是 Java 开发工具集，包含于 Java2 SDK 中（JDK）。它是建立在 AWT 基础上的一种增强型的 Java GUI 组件(工具集、工具包)，主要使用轻量组件替代 AWT 中的绝大多数重量组件；界面组件的渲染完全由 Java 自己绘制完成，而不是调用操作系统的界面组件实现。

（3）SWT (Standard Widget Toolkit) 是标准窗口部件库，来自于 IBM Eclipse 开源，不包含于 JDK 中，需要从 Eclipse 单独下载。

4.1 Swing 类包、容器类、布局管理和常用组件

Swing 是一个用于开发 Java 应用程序用户界面的开发工具包,Java Swing 的包结构如表 4-3 所示，它以抽象窗口工具包（AWT）为基础，使跨平台的应用程序能使用任何（可定制）的外观风格。开发人员利用 Swing 丰富、灵活的功能和模块化组件类，编写很少的代码，就可以开发出美观、令人满意的用户界面。

表 4-3 Java Swing 的包结构

包名称	功能简介
Javax.swing	Swing 组件和实用工具
Javax.swing.border	Swing 轻量组件的边框
Javax.swing.colorchooser	JcolorChooser 的支持类（接口）
Javax.swing.event	事件和侦听器类
Javax.swing.filechooser	JfileChooser 的支持类（接口）
Javax.swing.pending	未完全实现的 Swing 组件
Javax.swing.plaf	抽象类，用于定义 UT 代表的行为
Javax.swing.plat.basic	实现所有标准界面样式公共功能的基类
Javax.swing.plat.metal	用户界面代表类，用于实现 Metal 界面样式
Javax.swing.tble.Jtable	组件的支持类
Javax.swing.text	支持文档的显示和编辑
Javax.swing.text.html	支持显示和编辑 HTML 文件
Javax.swing.text.html.parser html	文件的分析器类
Javax.swing.text.rtf	支持显示和编辑 RTF 文件
Javax.swing.tree.Jtree	组件的支持类
Javax.swing.undo	支持取消操作

4.1.1 Swing 的类层次结构

由于 Swing 为纯 Java 代码实现，不依赖于操作系统，移植性较强。在一个平台上设计的组件可在其他平台上使用，所以通常将 Swing 组件称为轻量级组件。Swing 继承于 AWT，Swing 组件都是 AWT 的 Container 类的直接子类和间接子类。Swing 类库层次结构如图 4.7 所示。

在 javax.swing 包中，定义了两种类型的组件：顶层容器（JFrame、JApplet、JDialog 和 JWindow）和轻量级组件。Swing 主要为文本处理、按钮、标签、列表、面板、组合框、滚动条、滚动面板、菜单、表格和树提供了组件。

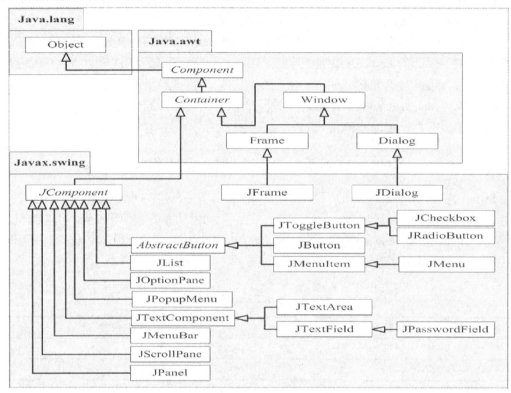

图 4.7　Swing 类库层次结构图

在 Swing 中不但用轻量级组件替代了 AWT 中的重量级组件，而且 Swing 的替代组件中都包含一些其他的特性。例如，Swing 的按钮和标签可显示图标和文本，而 AWT 的按钮和标签只能显示文本。Swing 中的大多数组件都在 AWT 组件名前面加了一个字母"J"。

```
Java.lang.Object
      |
      +--java.awt.Component
            |
            +--java.awt.Container    （容器类）
                  |
                  +--javax.swing.JComponent （Swing 组件类）
```

Swing 组件（Jcomponent）按功能能划分为以下几类。

（1）顶层容器：JFrame、JApplet、JDialog、JWindow。

（2）中间容器：JPanel、JScrollPane、JSplitPane、JToolBar。

（3）特殊容器：在 GUI 上起特殊作用的中间层，如 JInternalFrame、JLayeredPane、JRootPane。

（4）基本控件：实现人机交互的组件，如 Jbutton、JComboBox、JList、JMenu、JSlider、JtextField。

（5）不可编辑信息的显示：JLabel、JProgressBar、ToolTip。

（6）可编辑信息的格式化显示:JColorChooser、JFileChoose、JFileChooser、Jtable、JtextArea。

4.1.2　Swing 的容器类

1. 顶层容器

顶层容器是图形界面显示的基础，其他所有的组件（控件）都直接或间接显示在顶层容器中。Java 中的顶层容器有 3 种，分别是 JFrame（框架窗口，即通常的窗口）、JDialog（对话框）、JApplet（用于设计嵌入网页中的 Java 小程序）。

JFrame 是一个容器，是一种比较特殊的控件，可以将其他控件添加至该容器，并将组件进行组织呈现给用户。

JFrame 的使用的步骤和常用方法如下。

① 引入 import javax.swing.JFrame;访问图形类。

② 使用 JFrame(String title)构造方法生成窗体。

③ 使用 setSize(int w,int h)设置框架大小。

④ 使用 show()、setVisible(true)使窗体可见。

⑤ 使用 setTitle(String title)设置窗口的标题。

⑥ 使用 setLocation(x 坐标, y 坐标)设置窗体的位置。

⑦ 使用 setBounds (x 坐标, y 坐标，宽，高)设置窗体的位置和大小。

⑧ 使用 setIconImage("d:\\app.gif")设置图标。

注：创建和修改图像的类 Image 也在 java.awt 包中。

【例 4-1】一个简单的窗体示例。

```java
import java.awt.BorderLayout;
import java.awt.EventQueue;


import javax.swing.JFrame;
import javax.swing.JPanel;
import javax.swing.border.EmptyBorder;


public class JFrameDemo1 extends JFrame {


    private JPanel contentPane;
```

```java
/**
 * Create the frame.
 */

public JFrameDemo1() {
    setTitle("一个简单窗体");
    setDefaultCloseOperation(JFrame.EXIT_ON_CLOSE);
    setBounds(100, 100, 450, 300);
    contentPane = new JPanel();
    contentPane.setBorder(new EmptyBorder(5, 5, 5, 5));
    setContentPane(contentPane);
    contentPane.setLayout(null);
}



/**
 * Launch the application.
 */
public static void main(String[] args) {
        JFrameDemo1 frame = new JFrameDemo1();
        frame.setVisible(true);
}
}
```

程序运行结果如图 4.8 所示。

图 4.8　简单窗体示例

2．中间容器

Java 中间容器是可以包含其他相应组件的容器，但是中间容器和组件一样，不能单独存在，必须依附于顶层容器。JPanel 类是最灵活、最常用的中间容器。JScrollPane 与 JPanel 类似，是一个能够实现"单个子组件"水平或垂直滚动的容器类。当组件"内容"大于"显示区域"时，自动产生滚动轴，提供滚动作用。JTabbedPane 即选项卡(卡片盒)面板组件，它包含多个组件，但一次只显示一个组件。它通过"单击"具有给定标题或图标的"选项卡"在一组组件之间切换。JSplitPane 即分割面板组件，用于将窗口分割成两部分。分割后每个窗口只能放一个控件。

若添加多个控件，需在上面放一个 JPanel 面板。JToolBar 类按行或列排列一组组件（通常是按钮）。因此，Jpanel、JscrollPane、JTabbedPane 等都属于常用的中间容器，它们是轻量级组件。

（1）面板（JPanel）。

JPanel 为面板类，常被用作中间容器，用于容纳界面元素，以便在布局管理器的设置下容纳更多的组件。一般嵌于 JFrame 中组织其他控件的设置，实现容器的嵌套。Jpanel 的默认布局管理器是 FlowLayout。类层次结构图如下。

```
java.lang.Object
     |
     +--java.awt.Component
          |
          +--java.awt.Container
               |
               +--javax.swing.JComponent
                    |
                    +--javax.swing.Jpanel
```

Jpanel 的构造方法如下。

JPanel()：创建具有双缓冲和流布局的新 JPanel。

JPanel(boolean isDoubleBuffered)：创建具有 FlowLayout 和指定缓冲策略的新 JPanel。

JPanel(LayoutManager layout)：创建具有指定布局管理器的新缓冲 JPanel。

JPanel(LayoutManager layout, boolean isDoubleBuffered)：创建具有指定布局管理器和缓冲策略的新 JPanel。

（2）滚动面板（JScrollPane）。

JScrollPane 是带有滚动条的面板，JScrollPane 是 Container 类的子类，也是一种容器，但是只能添加一个组件。JScrollPane 的用法一般是先将一些组件添加到一个 JPanel 中，然后将这个 JPanel 添加到 JScrollPane 中。Swing 中的 JTextArea、JList、JTable 等组件都没有自带滚动条，因此需要利用滚动面板附加滚动条。类层次结构图如下。

```
java.lang.Object
     |
     +--java.awt.Component
          |
          +--java.awt.Container
               |
               +--javax.swing.JComponent
                    |
                    +--javax.swing. JScrollPane
```

① 构造方法。

JScrollPane()：建立一个空的 JScrollPane 对象。

JScrollPane(Component view)：建立一个新的 JScrollPane 对象，当组件内容大于显区域时，自动产生滚动轴。

JScrollPane(Component view,int vsb,int hsb)：建立一个新的 JScrollPane 对象，其中含有显示组件，并设置滚动轴出现的时机。

JScrollPane(int vsb,int hsb)：建立一个新的 JScrollPane 对象，其中不含有显示组件，但设置滚动轴出现时机。

其中，view 是摆放在框格中的对象；vsb 和 hsb 设置水平、垂直的滚动方式，其类常数如下。

HORIZONAL_SCROLLBAR_ ALWAYS：其常数值为 32，表示显示水平滚动条。

VERTICAL_SCROLLBAR_ ALWAYS：其常数值为 22，表示显示垂直滚动条。

HORIZONAL_SCROLLBAR_AS_NEEDED：其常数值为 30，表示当组件内容水平区域大于显示区域时，出现横向滚动条。

VERTICAL_SCROLLBAR_AS_NEEDED：其常数值为 20，表示当组件内容垂直区域大于显示区域时，出现垂直滚动条。

HORIZONAL_SCROLLBAR_NEVER：其常数值为 31，不显示水平滚动条。

VERTICAL_SCROLLBAR_ NEVER：其常数值为 21，不显示垂直滚动条。

② 常用方法。

public int getHorizontalScrollBarPolicy()：获取水平滚动方式。

public int getVerticalScrollBarPolicy()：获取垂直滚动方式。

public void setHorizontalScrollBarPolicy(int policy)：设置水平滚动方式。

public void setVerticalScrollBarPolicy(int policy)：设置垂直滚动方式。

public void setViewportView(Component view)：设置滚动窗口要观察的对象。

4.1.3　布局管理器

布局管理器是容器中组件的排列方式，用于设置组件的显示方式。每一个容器组件都有一个默认的布局管理器，也可以通过 setLayout( )方法来设置其他布局管理器。一旦确定了布局管理方式，容器组件就可以使用相应的 add( )方法加入组件。Java 中包含的布局管理器有：FlowLayout、BorderLayout、GridLayout、CardLayout 等。

1．流式布局（FlowLayout）

FlowLayout 不限定组件大小，从左往右，按照添加顺序显示；如果一行显示不下，就换行显示，使用框架的 setLayout( )方法设置布局管理器。FlowLayout 是容器 Panel 默认使用的布局管理器。

（1）构造方法。

FlowLayout( )

FlowLayout(int align) //对齐方式

FlowLayout(int align,int hgap,int vgap)// 对齐方式，水平间距，垂直间距

注：align 的值为 FlowLayout.LEFT、FlowLayout.CENTER、FlowLayout.RIGHT。

（2）常用方法。

public int getAlignment()：获得组件的对齐方式。

public void setAlignment(int align)：设置组件的对齐方式。

2. 边界布局（BorderLayout）

BorderLayout 将窗体分为 5 个区域：东、西、南、北、中。setLayout 方法设置布局管理器；add(组件,区域)方法将组件添加到指定的区域，每个区域只能添加一个组件，如果要添加多个组件，可以把这些组件先放在一个容器（Panel）中，然后将该容器添加到指定的区域。BorderLayout 是容器 Frame 和 Dialog 默认使用的布局管理器。

BorderLayout.NORTH		
BorderLayout.WEST	BorderLayout.CENERT	BorderLayout.EAST
BorderLayout.SOUTH		

（1）构造方法。

BorderLayout()：建立一个没有间距的 border layout。

BorderLayout(int hgap,int vgap)：建立一个组件间有间距的 border layout，hgap 和 vgap 分别指定组件之间的水平和垂直距离。

（2）常用方法。

public int getHgap()：获得组件之间的水平距离。

public void setHgap(int hgap)：设置组件之间的水平距离为 hgap。

public int getVgap()：获得组件之间的垂直距离。

public void setVgap(int vgap)：设置组件之间的垂直距离为 vgap。

3. 网格布局（GridLayout）

GridLayout 类是一个布局处理器，以矩形网格形式对容器的组件进行布置。容器被分成大小相等的矩形，一个矩形中放置一个组件。GridLayout 比 FlowLayout 多了行和列的设置。

（1）构造方法。

GridLayout()：建立一个新的 GridLayout，默认值是 1 行 1 列。

GridLayout(int rows,int cols)：建立一个几行几列的 GridLayout。

GridLayout(int rows,int cols, int hgap,int vgap)：建立一个几行几列的 GridLayout，并设置组件的间距。

（2）常用方法。

public int getColumns()：获得布局的列数。

public int getRows()：获得布局的行数。

public void setColumns(int cols)：设置布局列数为 cols。

public void setRows(int rows)：设置布局行数为 rows。

4. 卡片布局（CardLayout）

CardLayout 类是一个布局处理器，以卡片形式对容器的组件进行布置。容器被设置成卡片的形式，卡片以叠加的形式呈现，每次只能显示一张卡片，每张卡片只能容纳一个组件。

（1）构造方法。

CardLayout()：创建一个间距默认值为 0 的 CardLayout 类对象。

CardLayout(int hgap, int vgap)：创建一个使用 hgap 指定水平间距和 vgap 指定垂直间距的 CardLayout 类对象。

（2）常用方法。

public void first(Container container)：显示容器中的首个对象。

public void last(Container container)：显示容器中的最后一个对象。

public void next(Container container)：显示容器中的下一个对象。

public void previous(Container container)：显示容器中的前一个对象。

5. 网格包布局（GridBaglayout）

GridBagLayout 是 Java 中最灵活、最重要的布局管理器之一。在 GridBagLayout 中，可以为每个组件指定其包含的网格数，可以保留组件原来的大小，可以以任意顺序随意放置到容器的任意位置，从而可以真正自由地安排容器中每个组件的大小和位置。它不要求组件的大小相同便可以将组件垂直、水平或沿它们的基线对齐。每个 GridBagLayout 对象维持一个动态的矩形单元网格，每个组件占用一个或多个这样的单元，该单元称为显示区域。它只有一种构造函数，但只有配合 GridBagConstraints 才能达到设置的效果。

（1）构造方法。

GirdBagLayout()：建立一个新的 GridBagLayout 管理器。

GridBagConstraints()：建立一个新的 GridBagConstraints 对象。

GridBagConstraints(int gridx,int gridy,int gridwidth,int gridheight,double weightx,double weighty, int anchor,int fill, Insets insets,int ipadx,int ipady)：建立一个新的 GridBagConstraints 对象，并指定其参数的值。

（2）常用方法。

gridx,gridy:设置组件的位置，gridx 设置为 GridBagConstraints.RELATIVE 表示此组件位于之前加入组件的右边。gridy 设置为 GridBagConstraints.RELATIVE 表示此组件位于以前加入组件的下面。

gridwidth,gridheight:用来设置组件所占的单位长度与高度，默认值皆为 1。

weightx,weighty:用来设置窗口变大时，各组件跟着变大的比例，数字越大，表示组件能得到的空间越大，默认值皆为 0。

anchor:设置当组件空间大于组件本身时，要将组件置于何处，有 CENTER(默认值)、NORTH、NORTHEAST、EAST、SOUTHEAST、 WEST、NORTHWEST 可供选择。

insets:设置组件的间距，它有 4 个参数，分别是上、左、下、右，默认为(0,0,0,0)。

ipadx,ipady:设置组件的间距，默认值为 0。

由于 GridBagLayout 中的各种设置都必须通过 GridBagConstraints，因此将 GridBagConstraints 的参数都设置好了之后，必须创建一个 GridBagConstraints 的对象，以便 GridBagLayout 使用。

6. 盒子管理器（BoxLayout）

BoxLayout 管理器是 javax.swing 包中的盒子管理器，可以提供多样化的版面管理方式，与 GridBagLayout 一样；但是与 GridBagLayout 比较起来，BoxLayout 更容易使用，而且功能也非常强大。该管理器允许多个组件按照水平或垂直的方向排列，它通过坐标常量来确定布局的类型。

BoxLayout（Container target, int axis）：指定创建基于 target 容器的 BoxLayout 布局管理器。该布局管理器组件按 axis 方向排列。它可以是以下值之一。

X_AXIS：组件从左到右水平排列。

Y_AXIS：组件从上到下垂直排列。

LINE_AXIS：按照行的方式排列，可以从左到右，也可以从右到左。

PAGE_AXIS：按照页面的方式排列。

当 BoxLayout 进行布局时，它将所有控件依次按照控件的尺寸、排列顺序进行水平或者垂直放置，如果布局的整个水平或者垂直空间的尺寸不能放下所有控件，BoxLayout 就试图调整各个控件的大小来填充整个布局的水平或者垂直空间。

【例 4-2】FlowLayout、BorderLayout、GridLayout、CardLayout 4 种基本布局方式使用示例，通过翻页按钮切换各种效果。

源文件 Layout.java 如下。

```java
import java.awt.*;
import java.awt.event.*;
import javax.swing.*;
class TestCardLayout extends JPanel{//使用卡片布局
  CardLayout cd=new CardLayout();
  TestCardLayout(){
  setLayout(cd);//卡片布局，每张卡片显示一种布局效果
  add("FlowLayout",new TestFlowLayout());
  add("GridLayout",new TestGridLayout());
  add("BorderLayout",new TestBorderLayout());
  }
}
class TestFlowLayout extends JPanel{//使用浮动布局
  JButton b1,b2,b3,b4,b5,b6;
  TestFlowLayout(){
  setLayout(new FlowLayout());//从左到右，从上到下，流式布局
  b1=new JButton("按钮1");
  b2=new JButton("按钮2");
  b3=new JButton("按钮3");
  b4=new JButton("按钮4");
  b5=new JButton("按钮5");
  b6=new JButton("按钮6");
  add(b1);add(b2);add(b3);add(b4);add(b5);add(b6);
  }
}
class TestGridLayout extends JPanel{  //使用网络布局
  JButton b1,b2,b3,b4,b5,b6;
  TestGridLayout(){
  setLayout(new GridLayout(3,3,5,5));//3行3列,间隔为5像素
  b1=new JButton("one");
```

```java
        b2=new JButton("two");
        b3=new JButton("three");
        b4=new JButton("four");
        b5=new JButton("five");
        b6=new JButton("six");
        add(b1);add(b2);add(b3);add(b4);add(b5);add(b6);
    }
}
class TestBorderLayout extends JPanel{//使用边界布局
    JButton b1,b2,b3,b4,b5,b6;
    TestBorderLayout(){
    setLayout(new BorderLayout(5,5));//东、南、西、北、中, 间隔为5像素
    b1=new JButton("北");
    b2=new JButton("东");
    b3=new JButton("西");
    b4=new JButton("南");
    b5=new JButton("中");
    add(b1,"North");add(b2,"East");add(b3,"West");add(b4,"South");add(b5,"C
enter");
    }
}

public class Layout extends JFrame implements ActionListener{
    TestCardLayout tcl=new TestCardLayout();
    JPanel bottom=new JPanel();
    JButton b1,b2,b3,b4;
    public Layout(){
    this.getContentPane().setLayout(new BorderLayout());
    b1=new JButton("下一页");
    b2=new JButton("上一页");
    b3=new JButton("第一页");
    b4=new JButton("最后一页");
    bottom.add(b1);bottom.add(b2);
    bottom.add(b3);bottom.add(b4);
    b1.addActionListener(this);
    b2.addActionListener(this);
    b3.addActionListener(this);
    b4.addActionListener(this);
    this.getContentPane().add(tcl,"Center");
```

```
this.getContentPane().add(bottom,"South");
setSize(400, 400);
setTitle("布局演示");
setVisible(true);
this.setDefaultCloseOperation(JFrame.DISPOSE_ON_CLOSE);
    }
public void actionPerformed(ActionEvent e){
  if(e.getSource()==b1)
    tcl.cd.next(tcl);
  else if(e.getSource()==b2)
    tcl.cd.previous(tcl);
  else if(e.getSource()==b3)
    tcl.cd.first(tcl);
  else
    tcl.cd.last(tcl);
  }
public static void main(String args[]){
  Layout mainFrame = new Layout();
 }
}
```

建立几个面板，利用 setrLayout 方法设置不同的布局，再将这些面板放置在一个卡片布局的面板上，利用卡片布局的方法进行翻页，实现不同布局的浏览，程序运行结果如图 4.9 所示。

（a）流式布局

（b）边界布局

（c）网格布局

图 4.9　利用卡片布局实现流式、边界、网格布局的切换

4.1.4　常用组件

1．按钮（JButton）

JButton 类的定义形式如下。

public class JButton extends AbstractButton implements Accessible

（1）构造方法。

JButton()：创建不带有设置文本或图标的按钮。

JButton(Action a)：创建一个按钮，其属性从提供的 Action 中获取。

JButton(Icon icon)：创建一个带图标的按钮。

JButton(String text)：创建一个带文本的按钮。

JButton(String text, Icon icon)：创建一个带初始文本和图标的按钮。

（2）常用方法。

① 使用 Button(String title)创建按钮，如 Button b=new Button("我是按钮");。

② 使用框架类的 add()方法将按钮添加到框架中，如 frm.add(b);。

③ 常用方法：setLabel()用于设定按钮标题，getLabel()用于获取按钮标题。

2. 标签（JLabel）

JLabel 是用来显示文本、图像的，也可两者都显示。可以通过设置垂直和水平对齐方式，指定标签显示区中标签内容在何处对齐。默认情况下，标签在其显示区内垂直居中对齐，如果只显示文本的标签是左边对齐，则只显示图像的标签水平居中对齐。

JLabel 类的定义形式如下。

public class JLabel extends JComponent implements SwingConstants, Accessible

（1）构造方法。

Label( )：创建一个空白标签。

Label(String str)：创建一个由参数 str 设定的字符串标签，这个字符串是左对齐的。

Label(String str, int how)：创建一个包含由参数 str 设定的字符串的标签，并由整数 how 决定对齐方式，How 的值可以是以下常量之一：Label.LEFT、Label.RIGHT 和 Label.CENTER。

（2）常用方法。

setText()方法设定或改变标签 JLabel 中的文本。

getText()方法获得当前标签 JLabel 中的文本。

setAlignment()方法设定字符串的对齐方式。

getAlignment()方法获得当前的对齐方式。

setText(String text) 设置标签 JLabel 显示的文本。

getText()读取标签 JLabel 显示的文本。

setIcon(Icon image) 设置 JLabel 显示的图像。

getIcon()读取 JLabel 显示的图像。

setForeground(Color c) 设置标签 JLabel 显示文本的前景色。

setBackground(Color c) 设置标签 JLabel 显示文本的背景色。

setFont(Font f)设置 JLabel 显示文本的字体。

3. 文本框（JTextField）

JTextField 用于编辑和输入单行文本。JTextField 类的定义形式如下。

public class JTextField extends JTextComponent implements SwingConstants

（1）构造方法。

TextField 是 TextComponent 的一个子类。TextField 定义了如下构造函数。

TextField( )：创建一个默认的文本区。

TextField(int numChars)：创建一个指定例数为 numChars 的新文本区。

TextField(String str)创建一个初始化文本参数为 str 的新文本区。

TextField(String str, int numChars)：创建一个初始化文本参数为 str 的新文本区，宽为 numChars。

（2）常用方法。

String getText( )：获得当前包含在文本框中的字符串。

void setText(String str)：设置文本区中的文本。

用户能在文本区中选择一部分字符，通过调用 select()，还能在程序控制下选择一部分文本。通过调用 getSelectedText()，程序能获得当前被选定的文本。这些方法的语法格式如下。

String getSelectedText( )

void select(int startIndex, int endIndex)

getSelectedText()方法返回被选定的文本。select()方法选择了从 startindex 开始至 endIndex-1 结束的字符。

调用 setEditable()方法可以控制文本区的内容能否被用户改变。调用 isEditable()方法可以判定文本区的可编辑性。这些方法的语法格式如下。

boolean isEditable( )

void setEditable(boolean canEdit)

4. 密码框（JPasswordField）

密码框（JPasswordField）允许编辑单行文本，但不显示原始文本。

JPasswordField 类的定义形式如下。

public   class JPasswordField extends JTextField

（1）构造方法。

JPasswordField()：构造一个新的 JPasswordField，使其具有默认文档，开始文本字符串为 null，列宽度为 0。

JPasswordField(Document doc, String txt, int columns)：构造一个使用给定文本存储模型和给定列数的新 JPasswordField。

JPasswordField(int columns)：构造一个具有指定列数的新的空 JPasswordField。

JPasswordField(String text)：构造一个利用指定文本初始化的新 JPasswordField。

JPasswordField(String text, int columns)：构造一个利用指定文本和列初始化的新的 JPasswordField。

（2）常用方法。

setEchoChar(char c)：设置回显字符。

char[ ] getPassword( )：返回密码框中的文本，注意：返回值是 char[ ]。

5. 选择框（JComboBox）

JComboBox 组件也称为下拉列表组件，实现一个选择框，用户可以从下拉列表中选择相应的值，该选择框还可以设置为可编辑，当设置为可编辑状态时，用户可以在选择框中输入相应的值。JComboBox 类的定义形式如下。

public class JComboBox extends JComponentimplements ItemSelectable, ListDataListener, ActionListener, Accessible

（1）构造方法。

JComboBox()：创建一个没有数据选项的组合框。

JComboBox(ComboBoxModel aModel)：创建一个数据来源于 ComboBoxModel 的组合框。

JComboBox(Object[] items)：创建一个指定数组元素作为选项的组合框。

JComboBox(Vector<> items)：创建一个指定 Vector 中元素的组合框。

（2）常用方法。

void addItem(String name)：将新的选项加入列表。

String getSelectedItem()：用于确定当前哪些选项被选中，返回一个包含相应选项名称的字符串。

int getSelectedIndex()：用于确定当前哪些选项被选中，返回选项索引，第一个选项的索引为 0。

int getItemCount()：获得列表中选项的数目。

void select(int index)：给出一个从 0 开始的整数索引，设定当前的被选项。

void select(String name)：给出一个与列表中的名称相匹配的字符串，设定当前的被选项。

String getItem(int index)：获得此索引所代表选项的名称。

JComboBox 组件可以通过方法 insertItemAt()向选择框中添加选项；通过方法 setSelectedItem()或 setSelectedIndex()设置选择框的默认选项；通过方法 setEditable()将选择框设置为可编辑的，即选择框可以接受用户输入的信息。

JComboBox 组件对应于界面设计有两种形式：一种是用户从下拉列表中选取相应的项目，触发 ItemListener 事件；另一种是用户在输入框自行输入完毕后，按 Enter 键，触发 ActionListener 事件。

【例 4-3】JComboBox 组件使用示例。

```java
import java.awt.Container;
import java.awt.GridLayout;
import java.awt.event.WindowAdapter;
import java.awt.event.WindowEvent;
import java.util.Vector;


import javax.swing.BorderFactory;
import javax.swing.JComboBox;
import javax.swing.JFrame;


class  MyJComboBox {

    JFrame jf = new JFrame("JComboBoxDemo1"); // 创建一个JFrame对象

    Container contentPane = jf.getContentPane();

    public  MyJComboBox(){

    contentPane.setLayout(new GridLayout(1,2));

    //定义一个字符串数组，并将其初始化

    String[] str = { "九寨沟", "西双版纳", "张家界", "虎丘", "庐山"};

    Vector vector = new  Vector();   //创建一个Vector对象

    //向Vector对象中添加数据
```

```
vector.addElement("苏州");

vector.addElement("厦门");

vector.addElement("青岛");

vector.addElement("云南");

vector.addElement("成都");

vector.addElement("西安");

JComboBox  jcombo1 = new  JComboBox(str);  //定义一个JComboBox对象

//利用JComboBox类提供的addItem()方法, 将一个项目添加到此JComboBox中

jcombo1.addItem("黄山");

//创建一个带有指定标题的标题框

jcombo1.setBorder(BorderFactory.createTitledBorder("你想去哪个景点游玩 "));

JComboBox jcombo2 = new JComboBox(vector);

jcombo2.setBorder(BorderFactory.createTitledBorder("你喜欢的城市"));

 contentPane.add(jcombo1);

 contentPane.add(jcombo2);

 jf.pack();

 jf.show();

 jf.addWindowListener(new WindowAdapter() { // 添加窗口监听器

    public void windowClosing(WindowEvent e) {

        System.exit(0);

    }

 });

 }

}


public  class JComboBoxDemo1   {

     public static void main(String[ ] args) {

        new  MyJComboBox();

     }

}
```

运行结果如图 4.10 所示。

图 4.10 选择框使用示例运行结果

6. 单选按钮（JRadioButton）

JRadioButton 类的定义形式如下。

public class JRadioButton extends JToggleButton implements Accessible

（1）构造方法。

JRadioButton()：创建一个初始化为未选择的单选按钮，其文本未设定。

JRadioButton(Action a)：创建一个单选按钮，其属性来自提供的 Action。

JRadioButton(Icon icon)：创建一个初始化为未选择的单选按钮，其具有指定的图像，但无文本。

JRadioButton(Icon icon, boolean selected)：创建一个具有指定图像和选择状态的单选按钮，但无文本。

JRadioButton(String text)：创建一个具有指定文本的状态为未选择的单选按钮。

JRadioButton(String text, boolean selected)：创建一个具有指定文本和选择状态的单选按钮。

JRadioButton(String text, Icon icon)：创建一个具有指定文本和图像并初始化为未选择的单选按钮。

JRadioButton(String text, Icon icon, boolean selected)：创建一个具有指定文本、图像和选择状态的单选按钮。

（2）常用方法。

AccessibleContext getAccessibleContext()：获取与此 JRadioButton 相关联的 AccessibleContext。

String getUIClassID()：返回呈现此组件的 L&F 类的名称。

protected String paramString()：返回此 JRadioButton 的字符串表示形式。

void updateUI()：将 UI 属性重置为当前外观对应的值。

JRadioButton 组件的作用是实现一个单选按钮。单选按钮可选择或取消选择，并可显示其状态。JRadioButton 与 ButtonGroup 对象配合使用可创建一组按钮，一次只能选择其中的一个按钮（创建一个 ButtonGroup 对象并用其 add 方法将 JRadioButton 对象包含在此组中）。

注：ButtonGroup 对象为逻辑分组，不是物理分组。要创建按钮面板，仍需要创建一个 JPanel 或类似的容器对象，并将 Border 添加到其中，以便将面板与周围的组件分开。

【例4-4】单选按钮使用示例。

```
import java.awt.Container ;
import java.awt.GridLayout ;
import java.awt.event.WindowAdapter ;
import java.awt.event.WindowEvent ;
import javax.swing.JFrame ;
import javax.swing.JPanel ;
```

```java
import javax.swing.JRadioButton ;
import javax.swing.BorderFactory ;
class MyRadio{
    private JFrame frame = new JFrame("问卷调查") ;
    private Container cont = frame.getContentPane() ;
    private JRadioButton jrb1 = new JRadioButton("360 网站") ;
    private JRadioButton jrb2 = new JRadioButton("搜狐网站") ;
    private JRadioButton jrb3 = new JRadioButton("腾讯网站") ;
    private JPanel pan = new JPanel() ;
    public MyRadio(){
        pan.setBorder(BorderFactory.createTitledBorder("请选择最喜爱的网站
")) ;   // 设置一个边框的显示条
        pan.setLayout(new GridLayout(1,3)) ;
        pan.add(this.jrb1) ;
        pan.add(this.jrb2) ;
        pan.add(this.jrb3) ;
        cont.add(pan) ;
        this.frame.setSize(300,80) ;
        this.frame.setVisible(true) ;
        this.frame.addWindowListener(new WindowAdapter(){
            public void windowClosing(WindowEvent obj){
                System.exit(1) ;
            }
        }) ;
    }
};
public class JRadioButtonDemo01{
    public static void main(String args[]){
        new MyRadio() ;
    }
}
```

运行结果如图 4.11 所示。

图 4.11　单选按钮使用示例运行结果

7.　复选框（JcheckBox）

JCheckBox 与 JRadioButton 都是 JToggleButton 的子类，构造方法的格式与 JToggleButton

相同，它们也都具有选中和未选中两种状态。因此它们可以使用 AbstractButton 抽象类中的许多方法，如 addItemListener()、setText()、isSelected()等。

（1）构造方法。

JCheckBox()：建立一个新的 JChcekBox。

JCheckBox(Icon icon)：建立一个有图像，但没有文字的 JCheckBox。

JCheckBox(Icon icon, boolean selected)：建立一个有图像，但没有文字的 JCheckBox，且设置其初始状态（有无被选取）。

JCheckBox(String text)：建立一个有文字的 JCheckBox。

JCheckBox(String text, boolean selected)：建立一个有文字的 JCheckBox，且设置其初始状态（有无被选取）。

JCheckBox(String text, Icon icon)：建立一个有文字和图像的 JCheckBox,初始状态为未选中。

JCheckBox(String text, Icon icon, boolean selected)：建立一个有文字和图像的 JCheckBox,且设置其初始状态（是否被选取）。

（2）常用方法。

isSelected()：获知按钮的当前状态，当返回值为真（true）时，表示处于选中状态，返回值为假（false）时，表示处于未选中状态。

在 ItemListener 接口中声明了 public void itemStateChanged(ItemEvent e) ;方法，当按钮的状态改变时，该方法被调用。ActionEvent、ItemEvent 等事件类对象中都提供了 getSource()方法，可以获取事件源，该方法的返回类型为 Object。

【例 4-5】复选框使用示例。

```java
import java.awt.Container ;
import java.awt.GridLayout ;
import java.awt.event.WindowAdapter ;
import java.awt.event.WindowEvent ;
import javax.swing.JFrame ;
import javax.swing.JPanel ;
import javax.swing.JCheckBox ;
import javax.swing.BorderFactory ;
class MyCheckBox{
    private JFrame frame = new JFrame("问卷调查") ; // 定义窗体
    private Container cont = frame.getContentPane() ;  // 得到窗体容器
    private JCheckBox jcb1 = new JCheckBox("360 网站") ;// 定义一个复选框
    private JCheckBox jcb2 = new JCheckBox("搜狐网站") ;// 定义一个复选框
    private JCheckBox jcb3 = new JCheckBox("腾讯网站") ;// 定义一个复选框
    private JPanel pan = new JPanel() ;
    public MyCheckBox(){
        pan.setBorder(BorderFactory.createTitledBorder("请选择最喜爱的网站")) ;
        pan.setLayout(new GridLayout(1,3)) ;    // 设置组件的排版
        pan.add(this.jcb1) ;     // 增加组件
```

```
        pan.add(this.jcb2) ;      // 增加组件
        pan.add(this.jcb3) ;      // 增加组件
        cont.add(pan) ; // 将面板加入容器中
        this.frame.setSize(330,80) ;
        this.frame.setVisible(true) ;   // 设置可显示
        this.frame.addWindowListener(new WindowAdapter(){
            public void windowClosing(WindowEvent arg){
                System.exit(1) ;
            }
        }) ;
    }
}
public class JCheckBoxDemo01{
    public static void main(String args[]){
        new MyCheckBox() ;
    }
}
```

运行结果如图 4.12 所示。

图 4.12   复选框使用示例运行结果

8. 菜单与工具栏

菜单的作用是给应用程序设置操作菜单，Swing 中的菜单组件都继承自 JComponent 类。Java 中的菜单类在 Javax.swing 包中，共有 3 个菜单子类：JMenuBar、JMenu、JMenuItem 类。

（1）菜单栏（JMenuBar）。

JMenuBar 类是 Swing 中用于实现菜单栏的组件，相当于一个容器，可以在其中加入菜单（JMenu）。

① 构造方法。

JMenuBar()用于创建一个空的菜单栏。

② 常用方法。

public JMenu add(JMenu m)：将一个 Jmenu 对象 m 添加到菜单栏中。

public JMenu getMenu(int index)：获取菜单栏中的第 index 个 JMenu 对象。index 取值从 0 开始，0 表示第一个菜单。

public int getMenuCount()：获取菜单栏中 JMenu 对象的总数，即菜单数。

public void remove(int index)：将菜单栏中的第 index 个 JMenu 对象删除。

public JMenu getHelpMenu()：获取菜单栏的帮助菜单。

（2）菜单（JMenu）。

菜单是放置菜单项的容器，一个菜单可包含若干菜单项。JMenu 既可以作为顶层菜单添加到菜单栏中，又可以作为子菜单添加到其他菜单中。

　①构造方法。

JMenu()：创建一个没有标题的空菜单。

JMenu(String label)：创建一个标题为 label 的菜单。

JMenu(String label, boolean tearOff)：以 label 为标题构建菜单，tearOff 确定菜单是否可分离。

② 常用方法。

public JMenuItem add(JMenuItem m)：将一个菜单项添加到菜单中。

public JMenuItem add(String label)：将以 label 为标题的项添加到菜单中。

public Component add(Component c)：将组件 c 添加到菜单中。

public void addSparator()：将一条分隔线添加到菜单中。

public JMenuItem getItem(int pos)：获得 pos 指定位置的菜单项。

public int getItemCount()：获得菜单项的数目，包括分隔线。

public JmenuItem insert(JMenuItem mItem，int pos)：在 pos 处插入 mItem。

public void insert(String lab，int pos)：将标题为 lab 的菜单项插入指定位置。

public void remove(int pos)：删除 pos 指定位置的菜单项。

public void addMenuListener(MenuListener l)：添加菜单事件的侦听器。

（3）菜单项（JMenuItem）。

菜单（JMenu）继承自菜单项（JMenuItem），JMenu 是 JMenuItem 的子类，而菜单项 JMenuItem 继承自 AbstractButton，因此也可以把菜单项看作是一个按钮，但是它与按钮的区别在于，当鼠标指针经过某个菜单项时，系统便认为该菜单项被选中，但此时并不触发任何事件。只有在菜单项上释放鼠标时，才会触发事件并完成相应的操作。

① 构造方法。

JMenuItem()：创建一个没有文本标题或图标的菜单项。

JMenuItem(String label)：创建一个文本标题为 label 的菜单项。

JMenuItem(Icon icon)：创建带有 icon 指定图标的菜单项。

JMenuItem(String text, Icon icon)：创建带有指定文本和图标的菜单项。

JMenuItem(String text, int mnemonic)：创建带有指定文本和键盘助记符的菜单项。

② 常用方法。

pulic void addActionListener(ActionEvent listener)：添加菜单项事件的侦听器。

public void setAccelerator(KeyStroke keyStroke)：设置组合键，它能直接调用菜单项的操作侦听器而不必显示菜单的层次结构。

public KeyStroke getAccelerator()：获得组合键对象。

public void setEnabled(boolean b)：设置启用或禁用菜单项。

（4）菜单的创建和组织实现步骤。

◆ 菜单的创建。

创建一个菜单栏（MenuBar）。

创建各个菜单（Menu）。

创建各个菜单项（MenuItem）。

◆ 菜单的组织。

菜单栏可以像其他的组件一样添加到应用程序窗口。

在 JFrame 窗口中加入菜单栏的方法为 public void setJMenuBar(JMenuBar menubar)

在 JmenuBar 中加入 JMenu 的方法为 public JMenu add(JMenu c)

在 JMenu 中加入 JMenu、JMenuItem、分隔线的方法如下。

    public JMenuItem add(JMenuItem menuItem)

    public void addSeparator()

◆ 快捷键设置。

JMenu 的快捷键通常是 Alt + 字符键的组合，可用 setMnemonic 方法设置。

JMenu 对象.setMnemonic(int mnemonic);

JMenuItem 的快捷键可以是 Ctrl + 字符键或 Alt + 字符键的组合，可用 setAccelerator 方法设置，其语法格式如下。

JMenuItem 对象.setAccelerator(KeyStroke.getKeyStroke(参数 1,参数 2));

参数 1 指向快捷键字符。参数 2 指向控制字符，通常是 KeyEvent. CTRL_MASK（Ctrl），KeyEvent.ALT_MASK（Alt）。

（5）菜单项的事件处理。

当用户选定一个菜单项时，该菜单项将触发 ActionEvent 事件。ActionEvent 事件处理过程如下。

◆ 安装侦听器 (implements ActionListener)。

◆ 通过 addActionListener 方法设置侦听。

◆ 重写方法 actionPerformed 实现事件处理。

【例 4-6】在应用程序中添加菜单示例。

```java
import java.awt.event.WindowAdapter ;
import java.awt.event.WindowEvent ;
import java.awt.Container ;
import java.io.File ;
import javax.swing.JFrame ;
import javax.swing.ImageIcon ;
import javax.swing.JTextArea ;
import javax.swing.JScrollPane ;
import javax.swing.JMenu ;
import javax.swing.KeyStroke ;
import javax.swing.JMenuBar ;
import javax.swing.JMenuItem ;

public class JMenuDemo02{
    public static void main(String args[]){
        JFrame frame = new JFrame("欢迎使用菜单管理") ;
```

```
    JTextArea text = new JTextArea() ;
    text.setEditable(true) ;    // 可编辑
    frame.getContentPane().add(new JScrollPane(text)) ;// 加入滚动条
    JMenu menuFile = new JMenu("文件") ;
    JMenuBar menuBar = new JMenuBar() ;
    menuBar.add(menuFile) ;
    JMenuItem newItem = new JMenuItem("新建",new
ImageIcon("d:"+File.separator+"icons"+File.separator+"new.gif")) ;
    JMenuItem openItem = new JMenuItem("打开",new
ImageIcon("d:"+File.separator+"icons"+File.separator+"open.gif")) ;
    JMenuItem closeItem = new JMenuItem("关闭",new
ImageIcon("d:"+File.separator+"icons"+File.separator+"close.gif")) ;
    JMenuItem exitItem = new JMenuItem("退出",new
ImageIcon("d:"+File.separator+"icons"+File.separator+"exit.gif")) ;
    //定义4个菜单项，定义完成之后，增加快捷键
    newItem.setMnemonic('N') ;
    openItem.setMnemonic('O') ;
    closeItem.setMnemonic('C') ;
    exitItem.setMnemonic('E') ;
  newItem.setAccelerator(KeyStroke.getKeyStroke('N',java.awt.Event.CTRL_
MASK)) ;

  openItem.setAccelerator(KeyStroke.getKeyStroke('O',java.awt.Event.CTRL_
MASK)) ;

  closeItem.setAccelerator(KeyStroke.getKeyStroke('C',java.awt.Event.ALT_
MASK)) ;

  exitItem.setAccelerator(KeyStroke.getKeyStroke('E',java.awt.Event.ALT_
MASK)) ;

    menuFile.add(newItem) ;
    menuFile.add(openItem) ;
    menuFile.add(closeItem) ;
    menuFile.add(exitItem) ;
    frame.setJMenuBar(menuBar) ;    // 菜单通过此方法增加
    frame.addWindowListener(new WindowAdapter(){
        public void windowClosing(WindowEvent e){
            System.exit(1) ;
```

```
                }
        }) ;
        frame.setVisible(true) ;
        frame.setSize(300,100) ;
        frame.setLocation(300,200) ;
    }
}
```

程序运行结果如图 4.13 所示。

图 4.13　菜单示例运行结果图

（6）工具栏（JToolBar）。

工具栏用 JToolBar 类及其子类创建，它是一个容器组件，在工具栏组件中可以放置其他组件。

① 构造方法。

public JToolBar()：默认方向为水平（HORIZONTAL）。

public JToolBar(int orientation)：指定方向，参数可为水平（HORIZONTAL）或垂直（VERTICAL）。

public JToolBar(String name)：指定标题，标题浮动时可见。默认的方向为水平（HORIZONTAL）。

② 常用方法。

void SetLayout():设置工具栏布局，默认 FlowLayout 流式排放。

void addSeparator()：将默认大小的分隔符添加到工具栏的末尾。

JButton add(action a)：添加一个指定动作的新的 JButton。

9. 弹出对话框（JOptionPane）

JOptionPane 是一个弹出用户通知的标准对话框，可以实现显示信息、提出问题、警告、提示用户输入参数等功能。

（1）构造方法。

JOptionPane()：创建一个带有测试消息的 JOptionPane。

JOptionPane(Object message)：创建一个显示消息的 JOptionPane 的实例，使其使用 UI 提供的普通消息类型和默认选项。

JOptionPane(Object message, int messageType)：创建一个显示消息的 JOptionPane 的实例，使其具有指定的消息类型和默认选项。

JOptionPane(Object message, int messageType, int optionType)：创建一个显示消息的 JOptionPane 的实例，使其具有指定的消息类型和选项。

JOptionPane(Object message, int messageType, int optionType, Icon icon)：创建一个显示消息的 JOptionPane 的实例，使其具有指定的消息类型、选项和图标。

JOptionPane(Object message, int messageType, int optionType, Icon icon, Object[] options)：创建一个显示消息的 JOptionPane 的实例，使其具有指定的消息类型、图标和选项。

JOptionPane(Object message, int messageType, int optionType, Icon icon, Object[] options, Object initialValue)：在指定最初选择选项的前提下，创建一个显示消息的 JOptionPane 的实例，使其具有指定的消息类型、图标和选项。

（2）常用方法。

JoptionPane 有 4 个用于显示简单对话框的静态方法。

showConfirmDialog()：显示确认对话框，询问一个确认问题，如 yes/no/cancel。

showInputDialog()：显示输入文本对话框，提示要求某些输入。

showMessageDialog()：显示信息对话框，告知用户某事已发生。

showOptionDialog()：显示选择性的对话框，组合以上 3 种对话框类型。

4.1.5 事件处理

1．相关术语

（1）事件。

事件是用户在界面上的一个操作（通常使用各种输入设备，如鼠标、键盘等来完成），即用户用于交互而产生的键盘或鼠标动作称为事件，响应用户的动作称为处理事件。当一个事件发生时，该事件用一个事件对象来表示。事件对象有对应的事件类。不同的事件类描述不同类型的用户动作。事件类包含在 java.awt.event 和 javax.swing.event 包中。

（2）事件源。

产生事件的组件称为事件源。在一个按钮上单击鼠标时，该按钮就是事件源，会产生一个 ActionEvent 类型的事件，使用 getSource()获取事件源对象。

（3）事件处理器（事件处理方法）。

事件处理器是一个接收事件对象并进行相应处理的方法。事件处理器包含在一个类中，这个类的对象负责检查事件是否发生，若发生，就激活事件处理器进行处理。

（4）事件监听器类。

事件监听器类包含事件处理器，并负责检查事件是否发生，若事件发生，就激活事件处理器进行处理的类称为事件监听器类。

2．事件模型

Java 事件处理模式之所以为代理事件模型，是因为事件源将事件的处理委托给一个或多个事件监听器。在代理事件模型中，一次典型的事件处理过程涉及 3 类对象：事件源对象、事件监听事件以及事件对象，其事件处理过程如图 4.14 所示。

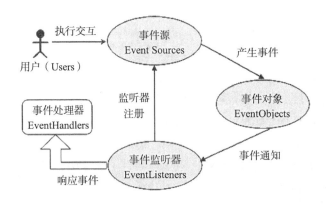

图 4.14　事件处理过程

（1）事件源对象。

事件源是一个事件的产生者，事件源对象也就是激发事件的组件对象，如按钮、窗口及文本域等。

（2）事件对象。

事件对象就是事件发生时代表事件的对象，事件的类型很多，如窗口事件、键盘事件、鼠标事件、焦点事件等。Java 将所有的事件都封装成一个类，这些事件类被集中在 java.awt.event 包，所有的事件类均继承了 AWTEvent 类和 getSource()方法，该方法返回发生事件的对象。

（3）事件监听器。

不同类型的事件发生后，由事件监听器接收事件并调用相应的事件处理方法。所有的事件监听器实际上都是一个 java.awt.event 包中的接口，引入了 java.util.EventListener 接口。不同事件类型的监听器具有不同的方法。

在具体使用 Java 的事件处理机制进行事件处理时，主要执行以下几个步骤。

第一步，程序加入 java.awt.event 包。

import java.awt.event;

定义实现事件监听器接口类，事件监听器接口类必须实现事件监听器接口或继承事件监听器适配器类。事件监听器适配器类是对事件监听器接口的简单实现。事件监听器接口和事件监听器适配器类都包含在 java.awt.event 和 javax.swing.event 包中。

第二步，给所需的事件源对象注册事件监听器。

事件源对象.addXXXListener（XXXListener）;

注册事件监听器，即创建事件监听器，为了能够让事件监听器检查某个组件（事件源）是否触发了某些事件，并且在触发时激活事件处理器进行相应的处理，所以必须在事件源上注册事件监听器。

第三步，实现相应的方法。如果某个监听器接口包含多个方法，则需要实现所有的方法。在方法的实现中判断事件性质，进行相应的处理。事件监听器接口定义了处理事件必须实现的方法。

总之，事件监听器类应该包括以下两部分内容。

① 在事件监听器类的声明中指定要实现的监听器接口名。例如：

```
public class MyListener implements XxxxListener {
```

```
   ... }
```

② 实现监听器接口中的事件处理方法。例如：

```
public void 事件处理方法名(XxxxEvent e) {
    ...//处理某个事件的代码... }
```

然后在一个或多个组件上可以注册监听器类的实例。例如：

组件对象.addXxxxListener(MyListener 对象)

【例 4-7】按钮单击事件，其功能是：当单击标记为"按下有声音哦"的按钮时，会听到一个响声；单击标记为"按下可打开新窗口"的按钮时，可以新建一个窗口。

```java
import javax.swing.*;
public class EventDemo1 extends WindowAdapter implements ActionListener {
    JButton b1 = null;
    JButton b2 = null;


    public EventDemo1() {
        JFrame f = new JFrame("按钮单击事件");
        Container contentPane = f.getContentPane();
        contentPane.setLayout(new GridLayout(1, 2));
        b1 = new JButton("按下有声音哦");
        b2 = new JButton("按下可打开新窗口");
        b1.addActionListener(this);
        b2.addActionListener(this);
        contentPane.add(b1);
        contentPane.add(b2);
        f.pack();
        f.show();
        f.addWindowListener(this);
    }

    public void actionPerformed(ActionEvent e) {
        if (e.getSource() == b1)// getSource 判断哪个按钮被按下了。
            Toolkit.getDefaultToolkit().beep();
        if (e.getSource() == b2) {
            JFrame newF = new JFrame("新窗口");
            newF.setSize(200, 200);
            newF.show();
        }
    }
}
```

```
public void windowClosing(WindowEvent e) {

    System.exit(0);

}


public static void main(String args[]) {

    new EventDemo1();

}
}
```

程序运行结果如图 4.15 所示。

图 4.15　按钮单击事件运行结果

3. 常见的事件类和监听接口

不同的事件源根据用户的操作可能产生不同的事件对象，并由相应的事件监听对象处理，如表 4-4 所示。通常编写各种事件处理程序时，需要用到以下两个事件包。

java.awt.event 包和 javax.swing.event 包

这两个包中提供了很多 Java 事件类和处理事件的接口。它们的命名都具有以下特点。

事件名：XxxxxEvent

接口名：XxxxxListener

对组件增加监听：addXxxxxListener()

其中 Xxxxx 分别代表 Action、Key、Item、Mouse 等。每个事件都有不同的事件监听器，即每一种事件只能交给相应的事件监听器去处理。每一种事件监听器都是一种接口。Swing 支持的事件监听器还有焦点监听器、鼠标监听器、鼠标移动监听器、属性变化监听器等。实际开发中的事件类型还有窗口事件类、鼠标事件类、焦点事件类等，如表 4-4 所示。

表 4-4　常见的事件类和监听接口

事件类	监听器接口	监听器接口定义的抽象方法（事件处理器）
ActionEvent	ActionListener	actionPerformed(ActionEvent e)
AdjustmentEvent	AdjustmentListener	adjustmentValueChanged(AdjustmentEvent e)
ItemEvent	ItemListener	itemStateChanged(ItemEvent e)
KeyEvent	KeyListener	keyTyped(KeyEvent e) keyPressed(KeyEvent e) keyReleased(KeyEvent e)

事件类	监听器接口	监听器接口定义的抽象方法（事件处理器）
MouseEvent	MouseListener	mouseClicked(MouseEvent e) mouseEntered(MouseEvent e) mouseExited(MouseEvent e) mousePressed(MouseEvent e) mouseReleased(MouseEvent e) mouseDragged(MouseEvent e) mouseMoved(MouseEvent e)
TextEvent	TextListener	textValueChanged(TextEvent e)
WindowEvent	WindowListener	windowActivated(WindowEvent e) windowClosed(WindowEvent e) windowClosing(WindowEvent e) windowDeactivated(WindowEvent e) windowDeiconified(WindowEvent e) windowIconified(WindowEvent e) windowOpened(WindowEvent e)

（1）窗口事件的处理。

窗口事件的处理只针对在窗口对象上触发的事件，即打开、关闭、最小化、最大化窗口时发生的事件。处理窗口的事件是 WindowListener 接口。当通过打开、关闭、激活或停用、图标化或取消图标化而改变窗口状态时，将调用该监听器对象中的相关方法，并将 WindowEvent 传递给该方法。其所有方法如下。

public void windowActivated(WindowEvent e)：窗口被激活时调用的方法。

public void windowClosed(WindowEvent e)：窗口被关闭后调用的方法。

public void windowClosing(WindowEvent e)：窗口被关闭时调用的方法。

public void windowDeactivated(WindowEvent e)：窗口失去活性时调用的方法。

public void windowDeiconified(WindowEvent e)：窗口从最小化还原时调用的方法。

public void windowIconified(WindowEvent e)：窗口最小化时调用的方法。

public void windowOpened(WindowEvent e)：窗口打开时调用的方法。

（2）动作事件(ActionEvent)的处理。

动作事件主要针对组件，如单击按钮、选择菜单、在文本框中输入字符串按 Enter 键等均属于动作事件。ActionListener 接口是该事件的"监听者"，该接口中只包含一个抽象方法：public void actionPerformed(ActionEvent e)。

① ActionEvent 事件类常用方法。

public Object getSourse()：用来获得引发事件的对象名。

public String getActionCommand()：用来获得引发事件动作的命令名。

② 实现对 ActionEvent 事件的处理的步骤。

> 程序类要实现 ActionListener 接口。
> 事件源要注册"监听者"并委托其处理。
> 重写 actionPerformed()方法实现对事件的处理。

（3）项目事件(ItemEvent)的处理。

项目事件类（Item Event）是指某一个项目被选定、取消的语义事件，选择 Checkbox、JComboBox、JList 等组件时，触发项目事件。使用项目事件必须给组件添加一个实现 ItemListener 接口的事件处理器，该接口的方法如下。

　　punlic void itemStateChange(ItemEvent e)

　　项目事件类的方法有以下几种。

　　getItem()：返回取得影响的项目对象。

　　getItemSelectable()：返回事件源 ItemSelectable 对象。

　　getStateChange()：返回状态的改变类型，包括 SELECTED 和 DESELECTED 两种。

　　paramString()：生成事件状态的字符串。

（4）鼠标事件(MouseEvent)的处理。

鼠标事件类(MouseEvent class)继承自 InputEvent 类，所有的图形组件都能产生鼠标事件，而相关事件继承于 java.awt.event.MouseEvent 类。鼠标事件分为两种：一种是鼠标般事件，如鼠标点击、鼠标进入组件、鼠标离开组件等，处理这种鼠标事件应实现 MouseListener 接口；一种是鼠标高级事件，即鼠标在组件中移动和拖动，处理这种鼠标事件应实现 MouseMotionListener 接口。MouseEvent 类的常用方法如下。

　　Point getPoint()的取得鼠标按键按下位置的坐标，并以 Point 类类型的对象返回。

　　int getX()：取得鼠标按键按下位置的 x 坐标。

　　int getY()：取得鼠标按键按下位置的 y 坐标。

　　java.awt.event.MouseListener 接口主要用来监听下列 5 种鼠标事件（MOUSE_CLICKED，MOUSE_ENTERED，MOUSE_EXITED，MOUSE_PRESSED，MOUSE_RELEASED）的发生，声明了 5 个用来处理不同鼠标事件的方法。

　　public void mouseClicked(MouseEvent e)：点击鼠标时执行的方法。

　　public void mouseEntered(MouseEvent e)：鼠标进入某个组件时执行的方法。

　　public void mouseExited(MouseEvent e)：鼠标离开某个组件时执行的方法。

　　public void mousePressed(MouseEvent e)：按下鼠标键时执行的方法。

　　public void mouseReleased(MouseEvent e)：松开鼠标键时执行的方法。

　　MouseMotionListener 接口主要用来监听下列 2 项鼠标高级事件（MOUSE_DRAGGED，MOUSE_MOVED）的发生，声明了两个用来处理鼠标拖动、鼠标移动事件的方法。

　　public void mouseDragged(MouseEvent e)：按下鼠标键拖动时执行的方法。

　　public void mouseMoved(MouseEvent e)：不按下鼠标键移动时执行的方法。

【例 4-8】鼠标移动事件处理示例，捕捉和处理鼠标移动和拖曳事件。

```java
import java.awt.BorderLayout;
import java.awt.Color;
import java.awt.Container;
import java.awt.GridLayout;
```

```java
import java.awt.event.MouseEvent;
import java.awt.event.MouseMotionListener;
import javax.swing.*;

class NewFrame extends JFrame implements MouseMotionListener {
    private static final long serialVersionUID = 1L;
    private JTextArea txtInfo = new JTextArea(50, 50);
    NewFrame(String title) {
        super(title);
        setDefaultCloseOperation(JFrame.EXIT_ON_CLOSE);
        JScrollPane sp = new JScrollPane(txtInfo);
        Container cp = getContentPane();
        cp.setLayout(new GridLayout(1, 2));
        JPanel panel = new JPanel();
        panel.setLayout(new BorderLayout());
        panel.add(new JLabel("鼠标移动测试区域", JLabel.CENTER));
        panel.setBackground(Color.CYAN);
        cp.add(panel);
        cp.add(sp);
        panel.addMouseMotionListener(this);
        setSize(300, 200);
        setVisible(true);
    }

    @Override
    public void mouseDragged(MouseEvent e) {
        txtInfo.append("Mouse Dragged (" + e.getX() + ", " + e.getY() + ")\n");
    }

    @Override
    public void mouseMoved(MouseEvent e) {
        txtInfo.append("Mouse moved (" + e.getX() + ", " + e.getY() + ")\n");
    }
}

public class MouseEventDemo {
    public static void main(String[] args) {
        new NewFrame("鼠标移动事件");
    }
```

}

程序运行结果如图 4.16 所示。

图 4.16 鼠标移动运行结果

由于事件监听接口中的方法很多，并非每个方法都必须实现，有的方法根本无须实现。但是接口有一个规定，即"要实现接口，就必须实现接口中的每个方法"，适配器类便应运而生。

4. 事件适配器类

适配器类不需要实现一个接口中的所有方法，只需实现所需的方法即可。适配器类将某些不需要实现的方法，自动以空方法的方式实现。Java 类库中包含 7 个适配器类，如表 4-5 所示。

表 4-5 Java 事件适配器类

适配器类	说明
ComponentAdapter	组件适配器
ContainerApdapter	容器适配器
FocusAdapter	焦点适配器
KeyAdapter	键盘适配器
MouseAdapter	鼠标适配器
MouseMotionAdapter	鼠标移动适配器
WindowAdapter	窗口适配器

窗口事件有 7 个需要实现的方法，有时编程中只实现其中一个方法，但是其他 6 个方法也必须空实现。而这种空实现方式会给编码带来很多不必要的麻烦，这时就需要使用适配器类代替一般的窗口监听器接口类，减少了代码编写的烦琐。

在实际开发中可能会出现多个事件源，也可能会出现多个事件。若按照以上 Java 的事件处理方法，则需要创建多个事件监听器和事件监听接口类。这样会造成程序非常臃肿，可读性较差，因此有时使用"匿名类"的方式来处理事件，即将"注册、创建监听器、创建监听器接口类" 3 个步骤融合在一起出现。

技能训练

设计一个用户注册界面，如图 4.17 所示，输入信息后，单击提交按钮，弹出一个提示框，如图 4.18 所示。

图 4.17 用户注册界面

图 4.18 提示框界面

任务 4.2 商品信息管理界面设计

任务目标

1. 熟悉 javax.swing 包中的高级 GUI 组件。
2. 能熟练使用各种布局管理器。
3. 能熟练使用 GUI 高级组件设计商品管理信息界面。
4. 能熟练使用选取器（文件选择器、颜色选择器）。

任务分析

创建购物系统中的商品信息管理界面，该界面效果如图 4.19 所示，组成界面的元素包括窗体、面板、标签、按钮、文本框、单选按钮、选择框、表格、滚动面板。

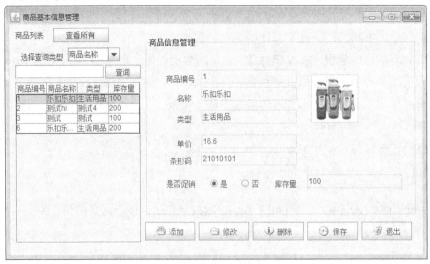

图 4.19 商品信息管理界面

1．页面设计

按照图 4.19 进行界面设计。

其中左边是商品信息列表，设计的控件元素包括标签、按钮、选择框、滚动面板、表格，关键步骤为设计表格及其滚动显示。表格设计思路为：添加滚动面板 JScrollPane，然后添加表格。

右边为商品信息管理界面，控件包括窗体、面板、标签、文本框、按钮、选择框、表格等。

2．事件处理

"添加"按钮事件处理：单击"添加"按钮，事件处理如下：名称、类型、单价、条形码、库存量清空并设为可编辑；是否促销默认为"否"，设为可选择；显示选择图片按钮，图片可选择。

"修改"按钮事件处理：单击"修改"按钮，事件处理如下：名称、类型、单价、条形码、库存量文本框内容不改变，将文本框属性设为可编辑的；是否促销默认为"否"，设为可选择；显示选择图片按钮，图片可选择。

"删除"按钮事件处理：单击"删除"按钮，事件处理如下：名称、类型、单价、条形码、库存量清空并设为不可编辑；是否促销默认为"否"，设为不可选择；显示选择图片按钮，图片不可选择。

"保存"按钮事件暂不处理。

"退出"按钮事件处理：单击"退出"按钮，实现关闭界面。

表格处理事件：单击表格中某一行时，其表格中数据会在商品信息管理界面中对应显示，任务 4.2 样式表如 4-6 所示。

表 4-6　任务 4.2 样式表

分类	编号	项目名	类型	输入	表示	必须	处理内容（数据库表状况、条件、计算式、判断、快捷键等）
商品信息管理	1	商品列表	标签		○		显示文本商品列表
	2	查询商品类型	标签		○		显示文本查询商品类型
	3	查看所有	按钮	○			查询所有商品信息(暂不处理)
	4	选择查询类型	选择框	○			选择商品类型
	5	查询	按钮	○			根据输入查询商品信息(暂不处理)
	6	表格	表格		○		显示商品信息
	7	商品编号	标签		○		显示文本"商品编号"
	8	名称	标签		○		显示文本"商品名称"
	9	类型	标签		○		显示文本"商品类型"
	10	单价	标签		○		显示文本"商品单价"
	11	条形码	标签		○		显示文本"商品条形码"
	12	库存量	标签		○		显示文本"库存量"
	13	商品编号	文本框	○			输入信息商品编号
	14	名称	文本框	○			输入信息商品名称

分类	编号	项目名	类型	输入	表示	必须	处理内容（数据库表状况、条件、计算式、判断、快捷键等）
商品信息管理	15	类型	文本框	○			输入信息商品类型
	16	单价	文本框	○			输入信息商品单价
	17	条形码	文本框	○			输入信息商品条形码
	18	库存量	文本框	○			输入信息商品库存量
	19	选择图片	按钮	○			选择图片文件
	20	图片	标签	○			标签显示商品图标
	21	是否促销(是)	单选按钮	○			选择促销,显示促销价格标签、文本框
	22	是否促销(否)	单选按钮	○			选择不促销,不显示促销价格标签、文本框
	23	添加	按钮	○			名称、类型、单价、条形码、库存量清空并设为可编辑;是否促销默认为"否",设为可选择;显示选择图片按钮,图片可选择
	24	修改	按钮	○			名称、类型、单价、条形码、库存量文本框内容不改变,将文本框设为可编辑的;是否促销默认为"否",设为可选择;显示选择图片按钮,图片可选择
	25	删除	按钮	○			名称、类型、单价、条形码、库存量清空并设为不可编辑;是否促销默认为"否",设为不可选择;显示选择图片按钮,图片不可选择
	26	保存	按钮	○			
	27	退出	按钮	○			关闭界面

注：方法封装。

实现过程

步骤一： 创建并设计窗体界面。

（1）添加窗体，设置窗体大小和窗体标题，设置窗体的布局为默认布局。界面主要控件元素名称如表 4-7 所示。

表 4-7　界面主要控件

页面	编号	项目名	类型	属性	属性值
商品信息管理	1	查看所有	按钮	Variable	all_button
	2	选择查询类型	选择框	Variable	searchType
	3	查询内容	文本框	Variable	searchField
	4	查询	按钮	Variable	searchButton
	5	滚动面板	滚动面板	Variable	tablePane
	6	表格	表格	Variable	table
	7	商品编号	文本框	Variable	textField_productsID
	8	名称	文本框	Variable	textField_productsname
	9	类型	文本框	Variable	textField_productstype
	10	单价	文本框	Variable	textField_productsprice
	11	条形码	文本框	Variable	textField_productsnumber
	12	库存量	文本框	Variable	textField_productscount
	13	促销价格	文本框	Variable	textField_saleprice
	14	选择商品图片	按钮	Variable	picButton
	15	图片	标签	Variable	imgLabel
	16	是否促销（是）	单选按钮	Variable	isSale_true
	17	是否促销（否）	单选按钮	Variable	isSale_false
	18	添加	按钮	Variable	button_add
	19	修改	按钮	Variable	button_upd
	20	删除	按钮	Variable	button_del
	21	保存	按钮	Variable	button_save
	22	退出	按钮	Variable	button_exit

（2）商品列表界面：按照样图 4.19 所示添加"商品列表"和"选择查询类型"标签，"查看所有"和"查询"按钮，以及一个默认值为"商品名称"的选择框。其中标签、按钮的设置步骤参见任务 4.1。

选择框的设置步骤如下：在工具箱中选择 JComboBox 按钮，在窗体中添加选择框 searchType，选择框的属性如图 4.20 所示，包括变量名 Variable、大小位置 Bounds、背景 background、是否编辑 editable、是否可用 enabled、字体 font、前景色 foreground、最大项 maximuRowcount、选择项 model、默认索引 selectedIndex、设置选择框的选择项 Model，输入选择框的值商品内容、类型、条形码，如图 4.21 所示。

设置商品信息表格界面步骤：选择工具栏中的 JScrollPane 滚动面板组件添加到窗体左边的面板中，再选择工具栏中的 JTable 表格组件添加至滚动面板中。

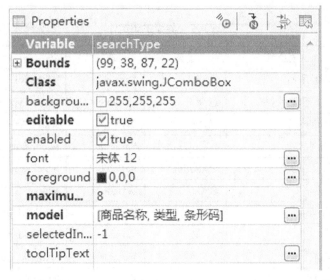

图 4.20　JComboBox 属性面板

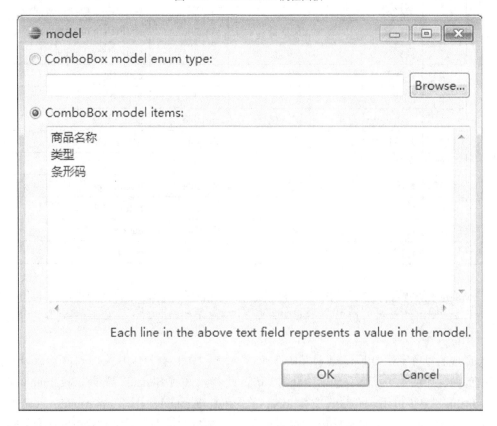

图 4.21　选择框内容

（3）商品信息管理界面的设计与实现，按照图 4.19 设计商品编号、名称、类型、单价、条形码、库存量对应的文本框和标签，标签和文本的属性设置参见任务 4.1，是否促销使用单选按钮 ⦿ JRadioButton ，单选按钮的属性如图 4.22 所示。使用 JLabel 设置 icon 属性选择商品图片。

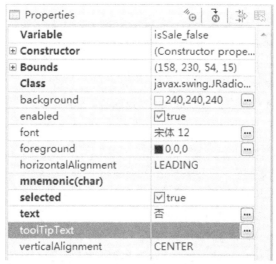

图 4.22　单选按钮的属性

关键代码如下。

```
isSale_true = new JRadioButton("是");
panel.add(isSale_true);
isSale_false = new JRadioButton("否");
panel.add(isSale_false);
ButtonGroup group = new ButtonGroup();
group.add(isSale_true);
group.add(isSale_false);
```

步骤二：实现事件响应方法。

1．方法封装

编写 setEdit()方法，将名称、类型、单价、条形码、库存量设为可用的、可编辑的，关键代码如下。

```
public void setEdit(){
    textField_productsname.setEditable(true);
    textField_productstype.setEditable(true);
    textField_productsprice.setEditable(true);
    textField_productsnumber.setEditable(true);
    textField_productscount.setEditable(true);
    textField_saleprice.setEditable(true);
    picButton.setVisible(true);
    picButton.setEnabled(true);
}
```

编写 setUnedit()方法，将名称、类型、单价、条形码、库存量设为不可用的、不可编辑的，关键代码如下。

```
public void setUnEdit(){
    textField_productsname.setEditable(false);
```

```
        textField_productstype.setEditable(false);

        textField_productsprice.setEditable(false);

        textField_productsnumber.setEditable(false);

        textField_productscount.setEditable(false);

        textField_saleprice.setEditable(false);

        picButton.setVisible(false);

        picButton.setEnabled(false);

    }
```

编写 setClear()方法，将名称、类型、单价、条形码、库存量内容清空，关键代码如下。

```
public void setClear(){

    textField_productsname.setText(null);

    textField_productstype.setText(null);

    textField_productsprice.setText(null);

    textField_productsnumber.setText(null);

    textField_productscount.setText(null);

}
```

2．编写按钮事件方法

"添加"事件处理代码，调用 setClear()与 setEdit()方法清空文本框内容，并设置为可编辑状态。

```
button_add.addActionListener(new ActionListener() {

        public void actionPerformed(ActionEvent e) {

            setClear();

            setEdit();

        }

    });
```

"修改"事件处理代码，调用 setEdit()方法将文本框的状态设为可编辑。

```
button_upd.addActionListener(new ActionListener() {

        public void actionPerformed(ActionEvent e) {

            setEdit();

        }

    });
```

"删除"事件处理代码，调用 setUnEdit()方法将文本框状态设为不可编辑。

```
button_del.addActionListener(new ActionListener() {

        public void actionPerformed(ActionEvent e) {

            setUnEdit();

        }

    });
```

"退出"事件处理代码，注销窗体对象，并将窗体设置为不可见。

```
private JFrame parent;
```

```java
parent = this;
button_exit.addActionListener(new ActionListener() {
        public void actionPerformed(ActionEvent e) {
            parent.dispose();
            parent.setVisible(false);
        }
    });
```

"是否促销" 单选按钮事件，关键代码如下。

```java
isSale_true.addMouseListener(new MouseAdapter() {
        @Override
        public void mouseClicked(MouseEvent e) {
            label_8.setVisible(true);
            textField_saleprice.setVisible(true);
            textField_saleprice.setEditable(true);
            textField_saleprice.setEnabled(true);
        }
    });
isSale_false.addMouseListener(new MouseAdapter() {
        @Override
        public void mouseClicked(MouseEvent e) {
            label_8.setVisible(false);
            textField_saleprice.setVisible(false);
        }
    });
```

选择图片，在图片选择按钮单击事件中添加功能，程序思路：生成文件选择对象，设置当前打开的路径。

```java
picButton.addActionListener(new ActionListener() {
        public void actionPerformed(ActionEvent e) {
            JFileChooser chooser = new JFileChooser();
            chooser.setCurrentDirectory(new
File("E:\\workspace\\SMMS\\sec\\imp"));
            int option = chooser.showOpenDialog(parent);
            if(option == JFileChooser.APPROVE_OPTION){
        imgLabel.setText("/img/"+chooser.getSelectedFile().getName());
                imgLabel.setIcon(new
ImageIcon(ProductInfomanage.class.getResource(imgLabel.getText())));
            } else {
            imgLabel.setText("未选择商品图片.");
            }
```

```
        }
    });
```

3. 添加表格事件处理

通过 setModel 方法设置表格模板。

```java
public void updateTable(JTable table){
        table.setBorder(new LineBorder(new Color(0, 0, 0)));
        table.setBounds(10, 94, 211, 260);
        cells=new Object[][]{
                {"01","乐扣乐扣","生活用品","10","1101101","","是","8"},
                {"02","台灯","办公用品","50","1101102","","否",""},
                {"03","保温杯","生活用品","69","1101103","","否",""},
                {"04","花露水","生活用品","9","1101104","","否",""}
        };
        colTitle=new String[]{"编号","名称","类型","单价","条形码","图片路径","是否促销","促销价格"};
        table.setModel(new DefaultTableModel(cells,colTitle));
    }
```

技术要点

1. 常用组件

根据商品信息管理界面，需要添加窗体、面板、标签、文本框和按钮，这部分内容在任务4.1中已经学习过。

2. 滚动面板 JScrollPane

JScrollPane 的用法一般是先将一些组件添加到一个 JPanel 中，然后将这个 JPanel 添加到 JScrollPane 中。在 Swing 中，JTable 组件没有自带滚动条，因此需要利用滚动面板附加滚动条。

3. 单选按钮

JRadioButton 组件实现一个单选按钮，用户可以很方便地查看单选按钮的状态。创建一个指定文本（是）和选择状态（被选中，默认为 false）的单选按钮，一个指定文本（否）的单选按钮。

4. 选择框

Jcombobox 是 Swing 中比较常用的控件，也称为下拉列表组件，实现一个选择框，它显示一个选项列表，扩展的是 ListModel 接口的模型。根据用户选择框设计不同，JComboBox 事件处理方法也不同。如果选用下拉列表中选取相应的选项条目，则触发 ItemListener 事件；如果根据用户在输入框输入内容后，按回车键，则触发 ActionListener 事件。

5. 表格

表格(JTable)是 Swing 新增加的组件，主要是为了将数据以表格的形式显示。通常用数据模型类的对象来保存数据，数据模型类派生于 AbstractTableModel 类，数据模型类的对象负责表格大小(行/列)、数据填写、表格单元更新等与表格有关的属性和操作。

4.2　GUI 高级组件

1. 列表框（JList）

列表框可以同时将多个选项信息以列表的方式展现给用户，使用 JList 可以构建一个列表框。JList 和 JCombobox 组件从本质上是类似的，它们都提供了一系列列表数据供用户选择，从表现形式上可以把 JCombobox 看作是由一个 JList 和一个 JTextField 组成。

（1）构造方法。

JList()：构建一个空的列表。

JList(ListModel dataModel)：以列表模型 dataModel 构建列表。

JList(Object[] listData)：以 Array 对象构建列表。

JList(Vector listData)：以 Vector 对象构建列表。

如果不需要在 JList 中加入 Icon 图像，则通常使用以 Array 对象或 Vector 对象构建列表的方法，建立 JList 对象，而这两个构造方法最大的不同在于使用 Array 对象建立的列表框，列表选项数量是固定的，无法改变。以 Vector 对象来建立列表框，列表选项数量是可以改变的。

（2）常用方法。

public void　setCellRenderer(ListCellRenderer cellRenderer)：设置用于绘制列表中每个单元的委托。

public ListCellRenderer　getCellRenderer()：获得呈现列表项的对象。

在 JList 中有 3 种选择模式(Selection Mode)可供使用，分别是单一选择、连续区间选择和多重选择。对于列表框中是多选还是单选可以通过 ListSelectionModel 接口实现，在 List Selection Model 接口实现中定义如下常量。

static int SINGLE_SELECTION：一次只能选择一个项目。

static int SINGLE_INTERVAL_SELECTION：一次可以选择某一连续范围的值。

static int MULTIPLE_INTERVAL_SELECTION：一次可以选择一个或多个连续索引范围。

【例 4-9】使用 JList 创建简单列表框。

```
import java.awt.*;
import java.awt.event.*;
import javax.swing.*;
import java.util.Vector;
class MyJList {
    JFrame f = new JFrame("简单列表框");
    Container contentPane = f.getContentPane();
    public MyJList(){
        contentPane.setLayout(new GridLayout(1, 2));
        String[] s = { "瑞士", "日本", "冰岛", "英国", "法国","西班牙" };
```

```
            Vector v = new Vector();
            v.addElement("苹果");
            v.addElement("三星");
            v.addElement("小米");
            v.addElement("华为");
            v.addElement("中兴");
            v.addElement("其他");

            JList list1 = new JList(s);
            list1.setBorder(BorderFactory.createTitledBorder("您最喜欢到哪个国
家玩呢? "));
            JList list2 = new JList(v);
            list2.setBorder(BorderFactory.createTitledBorder("您最喜欢哪个品牌
的手机? "));

            contentPane.add(list1);
            contentPane.add(list2);
            f.pack();
            f.show();
            f.addWindowListener(new WindowAdapter() {
                public void windowClosing(WindowEvent e) {
                    System.exit(0);
                }
            });
    }
}

public class JListDemo1 {
    public static void main(String args[]) {
        new  MyJList();
    }
}
```

程序运行结果如图 4.23 所示。

图 4.23　简单列表框运行结果

对于例 4-9，当窗口变小时，JList 并不会出现滚动(ScrollBar)的效果。如果要有滚动效果，则必须将 JList 加入滚动面板(JScrollPane)中，因此只需要将例 4-9 中的语句

```
contentPane.add(list1);
contentPane.add(list2);
```

修改为

```
contentPane.add(new JScrollPane(list1));
contentPane.add(new JScrollPane(list2));
```

就可以在窗口变小时出现滚动效果。

（3）利用 ListModel 构造 Jlist。

ListModel 是一个 interface，其主要功能是定义一些方法，使用 JList 或 JComboBox 这些组件取得每个项目的值，并可限定项目的显示时机与方式。

ListModel interface 定义的方法如下。

public void　addListDataListener(ListDataListener l)：当 data model 的长度或内容值有任何改变时，利用此方法可以处理 ListDataListener 的事件。data model 是 vector 或 array 的数据类型，用于存放 List 中的值。

public　Object　getElementAt(int index)：返回在 index 位置的 Item 值。

public　int　getSize()：返回 List 的长度。

public void removeListDataListener(ListDataListener l)：删除 ListDataListener。

在实际应用中实现 ListModel 的所有方法比较麻烦，一般情况下，不会用到 addListDataListener() 与 removeListDataListener()这两个方法。因为 Java 提供了 AbstractListModel 抽象类，此抽象类实现了 addListDataListener() 与 removeListDataListener()方法。如果继承 AbstractListModel 类，就不需实现这两个方法，只需要实现 getElementAt() 与 getSize()方法即可。

Java 还提供 DefaultListModel 实体类。此类继承了 AbstractListModel 抽象类，并实现其中的所有抽象方法，因此不需要再自行实现任何方法。利用 DefaultListModel 可以直接动态更改 JList 的项目值，可以随意增加(addElement())、删除 (removeElement()) 项目，还可以很方便地执行查询(getElementAt())与汇出(copyInto())项目的操作。

【例 4-10】使用 ListModel 创建 JList 列表框。

```java
import java.awt.*;
import java.awt.event.*;
import javax.swing.*;


class DataModel extends AbstractListModel {
    String[] s = { "美国", "巴西", "丹麦", "英国", "法国", "瑞士", "意大利", "澳大
利亚" ,,"西班牙"};
    public Object getElementAt(int index) {
        return (index + 1) + "." + s[index++];
    }


    public int getSize() {
```

```
            return s.length;
    }
}


public class JListDemo3 {
    public JListDemo3( ) {
        JFrame f = new JFrame("使用ListModel创建列表框");
        Container contentPane = f.getContentPane();
        ListModel mode = new DataModel();
        JList list = new JList(mode);   // 利用ListModel建立一个JList.
        list.setVisibleRowCount(5);    // 设置程序打开时所能看到的数据项个数。
        list.setBorder(BorderFactory.createTitledBorder("你最喜欢到哪个国家玩
呢?"));

        contentPane.add(new JScrollPane(list));
        f.pack();
        f.show();
        f.addWindowListener(new WindowAdapter() {
            public void windowClosing(WindowEvent e) {
                System.exit(0);
            }
        });
    }

    public static void main(String[] args) {
        new JListDemo3();
    }
}
```

程序运行结果如图 4.24 所示

图 4.24　使用 ListModel 创建 JList 示例

（4）JList 的事件处理。

JList 的事件处理一般可分为以下两种。

第一种是鼠标单击 JList 的某个选项。由于单击选项是选项事件，与选项事件相关的接口是

ListSelectionListener，通过 addListSelectionListener()方法，检测用户是否对 JList 的选取有任何改变。因此只有实现 valueChanged(ListSelectionEvent e)这个方法，才能在用户改变选取值时获取到用户最后的选取状态。

第二种是鼠标双击 JList 的某个选项。双击选项是动作事件，与该事件相关的接口是 ActionListener，注册监视器的方法是 addActionListener()，接口方法是 actionPerformed(ActionEvent e)。由于 JList 本身并没有提供具体的监听事件，因此必须利用 MouseListener 来达到捕获鼠标双击的事件。

【例 4-11】JList 事件处理示例。

```java
import java.awt.*;
import java.awt.event.*;
import javax.swing.*;
import javax.swing.event.*;

public class JListDemo extends MouseAdapter {
    JList list1 = null;
    JList list2 = null;
    DefaultListModel mode1 = null;
    DefaultListModel mode2 = null;
    String[] s = { "美国", "新西兰", "西班牙", "英国", "法国", "意大利", "巴西", "韩国", "澳大利亚" };

    public JListDemo() {
        JFrame f = new JFrame("JList事件处理");
        Container contentPane = f.getContentPane();
        contentPane.setLayout(new GridLayout(1, 2));

        mode1 = new DataModel(1);
        list1 = new JList(mode1);
        list1.setBorder(BorderFactory.createTitledBorder("国家名称!"));
        list1.addMouseListener(this);//遇到鼠标事件立即执行

        mode2 = new DataModel(2);
        list2 = new JList(mode2);
        list2.setBorder(BorderFactory.createTitledBorder("你最喜欢到哪个国家玩呢!"));
        list.addMouseListener(this);// 遇到鼠标事件立即执行

        contentPane.add(new JScrollPane(list1));
        contentPane.add(new JScrollPane(list2));
```

```
        f.pack();
        f.show();
        f.addWindowListener(new WindowAdapter() {
            public void windowClosing(WindowEvent e) {
                System.exit(0);
            }
        });
    }


    public static void main(String[] args) {
        new JListDemo();
    }


    // 处理鼠标键击事件
    public void mouseClicked(MouseEvent e) {
        int index;
        if (e.getSource() == list1) {
            if (e.getClickCount() == 2) {
                index = list1.locationToIndex(e.getPoint());
                String tmp = (String) mode1.getElementAt(index);
                mode2.addElement(tmp);
                list2.setModel(mode2);
                mode1.removeElementAt(index);
                list1.setModel(mode1);
            }
        }
        if (e.getSource() == list2) {
            if (e.getClickCount() == 2) {
                index = list2.locationToIndex(e.getPoint());
                String tmp = (String) mode2.getElementAt(index);
                mode1.addElement(tmp);
                list1.setModel(mode1);
                mode2.removeElementAt(index);
                list2.setModel(mode2);
            }
        }
    }


class DataModel extends DefaultListModel {
```

```
    DataModel(int flag) {
        if (flag == 1) {
            for (int i = 0; i < s.length; i++)
                addElement(s[i]);
        }
    }
}
```

程序运行结果如图 4.25 所示。

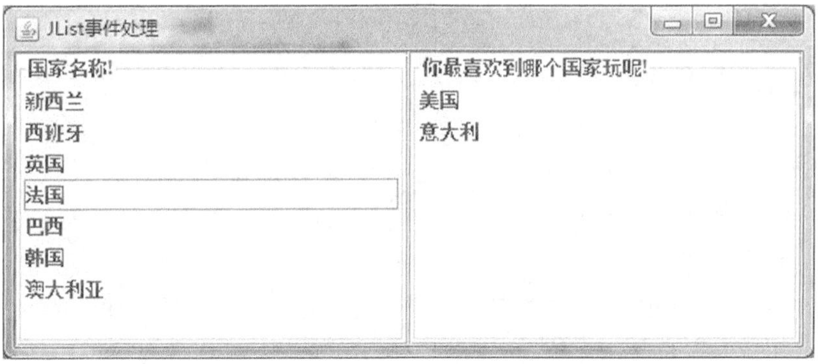

图 4.25　JList 事件处理示例

例 4-11 程序的功能是在左边列表框中列出国家名称,在某个国家名称上双击后,这个国家名称就会移到右边列表框中,反之亦同。在程序中应用了 DefaultListModel 类,因为 DefaultListModel 类实现了 Vector 中的方法,使用户处理动态的 JList 项目值比较容易。建立两个 DataModel,开始时将 String Array s 中的所有值依次放入 list1 的项目中,而 list2 初始为空。该程序中的 JList 事件处理采用鼠标双击某个选项的方法,因为要处理鼠标事件,所以为了编写方便,在程序中继承 MouseAdapte 抽象类。

2. 表格 JTable

表格(JTable)是 Swing 新增的组件,主要是为了将数据以表格的形式显示。通常用数据模型类的对象来保存数据,数据模型类派生于 AbstractTableModel 类,并且必须重写抽象模型类的几个方法,如 getColumnCount、getRowCount、getColumnName、getValueAt。因为表格会从这个数据模型的对象中自动获取数据,数据模型类的对象负责表格大小(行/列)、数据填写、表格单元更新等与表格有关的属性和操作。

JTable 类的定义形式如下。

```
public class JTable extends JComponent implements TableModelListener, Scrollable,
TableColumnModelListener, ListSelectionListener, CellEditorListener, Accessible,
RowSorterListener
```

JTable 的构造方法如下。

`JTable()`: 使用系统默认的模型创建一个 JTable 实例。

`JTable(int numRows,int numColumns)`: 创建一个使用 DefaultTableModel 指定行、列的空表格。

JTable(Object[][] rowData,Object[][] columnNames)：创建一个显示二维数据的表格。

JTable(TableModel dm)：创建一个指定数据模式和默认字段模式的 JTable 实例。

JTable(TableModel dm,TableColumnModel cm)：创建一个指定数据模式和字段模式的
JTable 实例。

JTable(TableModel dm,TableColumnModel cm,ListSelectionModel sm)：创建一个指定数据模式、字段模式与选择模式的 JTable 实例。

JTable(Vector rowData,Vector columnNames)：创建一个以 Vector 为数据源，并显示行名称的 JTable 实例。

JTable 用来显示和编辑常规二维单元表。

① 简单用法。

```
Object[][] cells={
            {"张三",78.0,86.0,90.0,84.0},
            {"李四",78.0,86.0,90.0,84.0},
            {"王五",78.0,86.0,90.0,84.0},
            {"赵六",78.0,86.0,90.0,84.0}
        };
String[] colTitle={"姓名","语文","数学","英语","政治"};
JTable jt1=new JTable(cells,colTitle);
JScrollPane jsp=new JScrollPane(jt1);
```

② 使用表格模板。

根据具体需求建立类，并继承 AbstractTableModel，实现其中的 public int
getColumnCount()、public int getRowCount()、public Object getValueAt(int row,
int col)方法，然后以该类实例为参数构建 JTable。

【例 4-12】表格使用示例。

```
import java.awt.event.WindowAdapter ;
import java.awt.event.WindowEvent ;
import javax.swing.JTable ;
import javax.swing.JScrollPane ;
import javax.swing.JFrame ;
public class JTableDemo01{
    public static void main(String args[]){
        JFrame frame = new JFrame("学生信息管理") ;
        String[] titles = {"姓名","年龄","性别","Java 成绩","数据库成绩","是否
及格"} ;
        Object [][] userInfo = {
            {"李帆",18,"男",86,82,70} ,
            {"张斌",19,"男",82,77,80} ,
            {"王海",18,"男",81,86,79} ,
            {"杜鹃",18,"女",80,67,87} ,
```

```
                    {"李莉",20,"女",70,63,77}
            } ; // 定义数据
            JTable table = new JTable(userInfo,titles) ;    // 建立表格
            JScrollPane scr = new JScrollPane(table) ;
        frame.add(scr) ;
        frame.setSize(370,90) ;
        frame.setVisible(true) ;
        frame.addWindowListener(new WindowAdapter(){
            public void windowClosing(WindowEvent e){
                System.exit(1) ;
            }
        }) ;
    }
}
```

运行结果如图 4.26 所示。

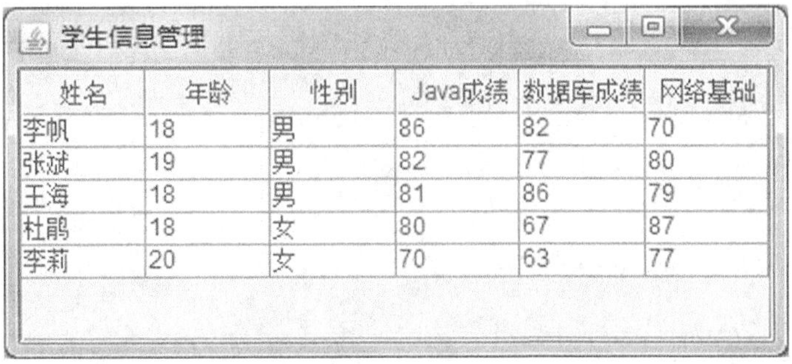

图 4.26　表格使用示例运行结果

3．树(JTree)

树(JTree)中特定的节点可以由 TreePath 或由其显示行标识。当展开某一个节点的所有祖先时，显示该节点，折叠节点是隐藏位于折叠祖先下面的节点。

（1）构造方法。

JTree()：创建一个空节点的树。

JTree(Hashtable<?,?> value)：创建一个由 Hashtable 元素构成节点的 JTree，它不显示根。

JTree(Object[] value)：创建指定数组的每个元素作为不被显示的新根节点的子节点的树实例。

JTree(TreeModel newModel)：创建一个使用指定数据模型，并显示根节点的树实例。
JTree(TreeNode root)：创建一个指定 TreeNode 作为其根，并显示根节点的树实例。JTree(TreeNode root, boolean asksAllowsChildren)：创建一个指定 TreeNode 作为其根，并指定根节点的显示方式的树实例。

（2）常用方法。

isRootVisible()：返回树的根节点是否显示。

setRootVisible()：设置是否显示树的根节点。

scrollPathToVisible()：确保展开所有的路径。

scrollRowToVisible()：按行滚动标识的条目，直到显示出来。

getVisibleRowCount()：返回显示区域的显示行的数目。

setVisibleRowCount()：设置显示区域中显示行的数目。

isVisible()：返回当前路径查看标识。

makeVisible()：设置当前路径的查看标识。

【例 4-13】树使用示例。

```java
import javax.swing.*;
import java.awt.*;
import java.awt.event.*;


public class InitalTree {
    public InitalTree() {
        JFrame f = new JFrame("TreeDemo");
        Container contentPane = f.getContentPane();

        JTree tree = new JTree();
        JScrollPane scrollPane = new JScrollPane();
        scrollPane.setViewportView(tree);

        contentPane.add(scrollPane);
        f.pack();
        f.setVisible(true);
        f.addWindowListener(new WindowAdapter() {
            public void windowClosing(WindowEvent e) {
                System.exit(0);
            }
        });
    }

    public static void main(String[] args) {
        new InitalTree();
    }
}
```

运行结果如图 4.27 所示。

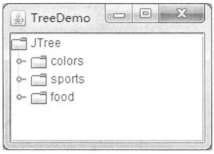

图 4.27 树使用示例

【例 4-14】带有滚动条的树使用示例。

```java
import java.awt.BorderLayout;
import javax.swing.Box;
import javax.swing.JFrame;
import javax.swing.JScrollPane;
import javax.swing.JTree;

class MyJTree{
  JFrame f=new JFrame("树示例"); //创建窗体
    //设置用户在此窗体上发起 "close" 时默认执行的操作
  public  MyJTree(){
    f.setDefaultCloseOperation(JFrame.EXIT_ON_CLOSE);
    f.getContentPane();
    Box box= Box.createHorizontalBox(); //创建Box类对象
    JTree tree1=new JTree(); //创建树
    tree1.putClientProperty("JTree.lineStyle","None");  /* 向此组件添加任意
的键/值*/
    JScrollPane scrollPane1=new JScrollPane(tree1); //创建一个滚动面板
    tree1.setAutoscrolls(true);
    JTree tree2=new JTree();
    JScrollPane scrollPane2=new JScrollPane(tree2);
        //向Box容器添加滚动面板
    box.add(scrollPane1 ,BorderLayout.WEST);
    box.add(scrollPane2,BorderLayout.EAST);
    f.getContentPane().add(box,BorderLayout.CENTER);
    f.setSize(300,40);
    f.setVisible(true);
  }
}
public class JTreeDemo {
    public static void main(String[ ] args) {
```

```
        new MyJTree();
    }
}
```

运行结果如图 4.28 所示。

图 4.28　带有滚动条的树使用示例

4. 文件选取器（JfileChooser）

若在一个文本编辑器中输入一段文字，要求将此段文字能存储保存，此时系统应该提供一个存储文件的对话框，将此段文字存储到一个"自定义文件名"或"指定的文件夹"。同样，要打开某个文件时，系统也应当提供打开文件的对话框，让用户在多个文件中选择要打开的文件。在 Java 语言中，这些操作均可由文件选取器（JFileChooser）组件来完成。JFileChooser 组件的功能。

◆　打开文件和保存窗口。

◆　显示特定类型文件的图标。

◆　文件类型的过滤操作。

JFileChooser 类的定义形式如下。

```
public class JFileChooser extends JComponent implements Accessible
```

（1）构造方法。

JFileChooser()：　构造一个指向用户默认目录的 JFileChooser。

JFileChooser(File currentDirectory)：使用给定的 File 作为路径来构造一个 JFileChooser。

JFileChooser(File currentDirectory, FileSystemView fsv)：使用给定的当前目录和 FileSystemView 构造一个 JFileChooser。

JFileChooser(FileSystemView fsv)：使用给定的 FileSystemView 构造一个 JFileChooser。

JFileChooser(String currentDirectoryPath)：构造一个使用给定路径的 JFileChooser。

JFileChooser(String currentDirectoryPath, FileSystemView fsv)：使用给定的当前目录路径和 FileSystemView 构造一个 JFileChooser。

（2）常用方法。

boolean accept(File f)：如果应该显示该文件，则返回 true。

void addActionListener(ActionListener l)：向文件选择器添加一个 ActionListener。

void addChoosableFileFilter(FileFilter filter)：向用户可选择的文件过滤器列表添加一个过滤器。

File getCurrentDirectory()：返回当前目录。

void setCurrentDirectory(File dir)：设置当前目录。

void setMultiSelectionEnabled(boolean b)：设置文件选择器，以允许选择多个文件。

void setSelectedFile(File file)：设置选中的文件。

void setSelectedFiles(File[] selectedFiles)：如果将文件选择器设置为允许选择多个文件，则设置选中文件的列表。

int showOpenDialog(Component parent)：弹出一个 "Open File" 文件选择器对话框。

int showSaveDialog(Component parent)：弹出一个 "Save File" 文件选择器对话框。

（3）创建文件选取对象的基本步骤。

① 创建一个 JFileChooser 实例

```
JFileChooser jfc=new JFileChooser();
```

② 使用 setCurrentDirectory(File f)方法设置初始目录

```
jfc.setCurrentDirectory(new File("C:\\"));
```

③ 使用 setMultiSelectionEnabled(bool b)设置是否允许选择多个文件，如果允许多选，则可以通过 getSelectedFiles()获得一个 File 数组；否则通过 getSelectedFile()获得所选文件（ File 类型 ）。

```
jfc.setMultiSelectionEnabled(true);
```

④ 使用 setFileSelectionMode 方法设置允许选择的类型。JFileChooser.FILES_AND_DIRECTORIES、JFileChooser.FILES_ONLY、JFileChooser.DIRECTORIES_ONLY。

```
jfc.setFileSelectionMode(JFileChooser.DIRECTORIES_ONLY);
```

⑤ 使用 showOpenDialog(this)显示打开文件对话框，或者使用 showSaveDialog(this)显示保存文件对话框。返回值为 JFileChooser.APPROVE_OPTION、JFileChooser.CANCEL_OPTION 或 JFileChooser.ERROR_OPTION。

```
int result=jfc.showOpenDialog(this);
if(result==JFileChooser.APPROVE_OPTION)
{
JOptionPane.showMessageDialog(this,jfc.getSelectedFile().getName());
}
```

技能训练

按照任务 4.2 的操作步骤完成创建用户信息管理、设计会员信息界面和相关事件的处理方法。为"超市购物系统"创建用户信息管理界面（见图 4.29）和会员信息管理界面（见图 4.30）。会员信息管理界面的文本框默认为不可编辑状态，单击"添加"按钮，可以将会员文本框的内容清空，并设为可编辑状态。单击"修改"按钮可以将会员信息框设置为可编辑状态。单击"删除"按钮可以将会员信息清空并将各信息输入框设置为不可编辑的状态。单击"退出"按钮可以关闭系统。

图 4.29　用户信息管理界面

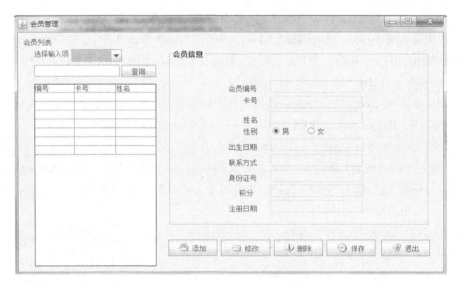

图 4.30　会员信息管理界面

1．"添加"按钮事件处理

单击"添加"按钮，事件处理如下。

（1）根据规则产生会员卡号（代码可提供，直接调用即可），并设为不可编辑。

（2）姓名、出生日期、联系方式、身份证号文本框设为可编辑状态。

（3）会员文本框默认为空，不可编辑。

（4）积分文本框默认为"0"，不可编辑。

（5）注册日期文本框为当前系统日期，格式为 YYYY-MM-DD。

2．"修改"按钮事件处理

单击"修改"按钮，事件处理如下。

（1）卡号、积分为不可编辑状态。

（2）姓名、出生日期、联系方式、身份证号、注册日期文本框设为可编辑状态。

文本框为当前系统日期，格式为 YYYY-MM-DD。

3. "删除"按钮事件处理

单击"删除"按钮，事件处理如下。

姓名、出生日期、联系方式、身份证号、注册日期文本框内容清空，并设为不可编辑状态。

注：方法封装。

课后作业

一、思考题

1. 什么是 Swing？它与 AWT 在使用上有什么不同？

2. Swing 有哪几种容器？其特殊功能是什么？

3. Swing 有哪几种布局管理器？各有哪些特点？

4. 什么是事件？举例简述事件处理机制的编程方法。

5. 列举动作事件、鼠标事件监听类所能处理的事件类型及对应事件源组件。

二、上机操作题

1. 编写用户注册界面，如图 4.31 所示。实现"提交"与"清空"按钮的功能。

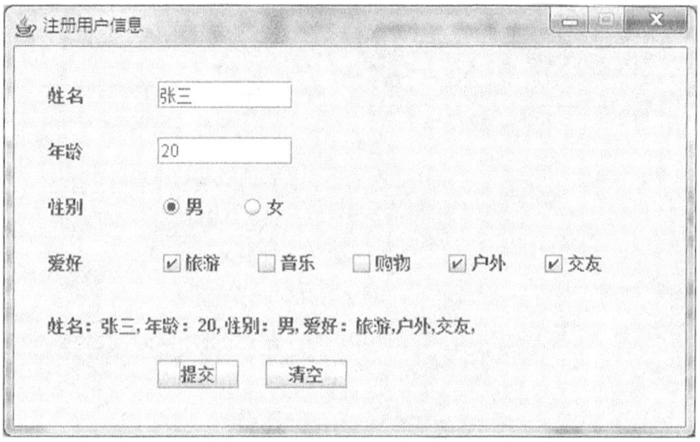

图 4.31 注册信息

2. 设计计算器如图 4.32 所示，具有简单的计算功能。

图 4.32 计算器

3. 编写程序，设计一个记事本界面，如图 4.33 所示。该记事本能够实现文本文件的新建、編輯、保存功能。

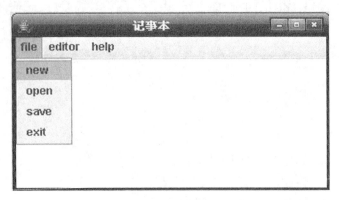

图 4.33　记事本

4. 编写会员信息列表界面，如图 4.34 所示，单击左边表格的某一行，其对应信息显示在右边对应的文本框内，利用提供的部分代码，完善该界面设计程序。

图 4.34　会员信息列表界面

提示：表格中的初始值通过 LinkedList 存储。

```
LinkedList<String[]> mList = new LinkedList<String[]>();
      String[] m1 = {"1","Jack","男","jack@163.com","123"};
      String[] m2 = {"2","lucy","女","lucy@126.com","123"};
      String[] m3 = {"3","tom","男","tom@yahoo.com","123"};
```

Swing 中表格基本存取通过使用 Table Model 类方法实现，即存取表格的行内容，计算表格的列数等操作。

TableModel 类

```
import java.sql.ResultSet;
import java.util.LinkedList;
import javax.swing.table.AbstractTableModel;
```

```java
public class TableModel extends AbstractTableModel {
    private static final long serialVersionUID = 1L;
    private int column;
    private String[] columnName = null;
    private LinkedList<String[]> resultSet = null;
    public TableModel() {}
    public TableModel(LinkedList<String[]> dsList,String[] columnName) throws
Exception {
        this.resultSet = dsList;
        this.columnName = columnName;
        this.column = columnName.length;
    }
    /** Creates a new instance of TableModel */
    public TableModel(ResultSet rs, String[] DScolumnName, String[] columnName)
throws Exception {
        if (DScolumnName.length != columnName.length) {
            throw new Exception("指定 JTable 列和指定数据库列数不一致，无法进行数据绑
定");
        }
        this.columnName = columnName;
        column = columnName.length;
        resultSet = new LinkedList<String[]>();
        try {
          while (rs.next()) {
            String[] row = new String[column];
            for (int i = 0; i < column; i++) {
                row[i] = rs.getString(DScolumnName[i]);
            }
            resultSet.add(row);
          }
        } catch (Exception e) {
//          LoggerUtil.WriteErrLog(e);
            System.out.println("err");
        }
    }
    /**
     * 取得总记录数
     * @return  总记录数
     */
```

```java
    @Override
    public int getRowCount() {
        return resultSet.size();
    }
    /**
     * 取得总列数
     * @return  总列数
     */
@Override
    public int getColumnCount() {
        return column;
    }

    /**
     * 取得指定行指定列数据
     * @param rowIndex      行
     * @param columnIndex   列
     * @return
     */
    @Override
    public Object getValueAt(int rowIndex, int columnIndex) {
        String[] row = resultSet.get(rowIndex);
        return row[columnIndex];
    }

    /**
     * 取得指定列名称
     * @param i  指定列
     * @return   指定列名称返回
     */
    public String getColumnName(int i) {
        return columnName[i];
    }
}
```

学习目标

- 最终目标：

能使用面向对象（继承、接口、多态等）实现数据处理综合应用。

- 促成目标：

✧ 熟悉 List 类型的基本使用方法。

✧ 熟悉继承的基本概念和实现形式。

✧ 熟悉接口的基本概念和实现形式。

✧ 熟悉面向对象编程思想中的重写、重载、多态等基本概念。

✧ 能使用集合框架存储数据。

✧ 能使用继承和接口优化程序。

工作任务

任务	任务描述
任务 5.1 会员信息管理的实现	采用 MVC 开发模式使用 LinkedList 实现数据信息的增、删、查、改，更好地分离代码和数据
任务 5.2 会员信息管理继承模式的实现	在任务 5.1 的基础上，通过继承方式优化程序，实现数据信息的增、删、查、改，减少代码的冗余
任务 5.3 会员信息管理接口模式的实现	在任务 5.2 的基础上，通过继承与接口结合方式优化程序，实现数据信息的增、删、查、改

任务 5.1　会员信息管理的实现

任务目标

1. 理解 MVC 开发模式。

2. 熟悉 LinkedList、ArrayList 中元素的增、删、查、改方法的操作。

3. 能运用 LinkedList 实现会员信息的增加、查询、删除和修改功能。

任务分析

本任务设计运用了 MVC 的思想，采用 LinkedList 作为数据临时存储机制，实现信息管理中会员信息的增加、删除、修改、查询和列表功能。运行模式如图 5.1 所示。

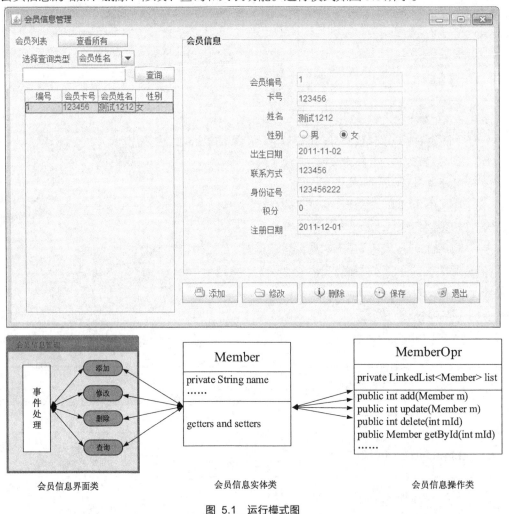

图 5.1　运行模式图

会员信息管理模块主要完成会员信息的增加、删除、修改和查询等操作。在实现过程中，每一项操作都采用了 MVC 模式进行设计，即每项操作的完成都需要界面类、控制类和模型类。实现步骤如下。

（1）创建会员信息类 Member.java 和会员信息管理界面 MemberInfoManage.java，这两个类已经分别在项目三与项目四中分析过，这里不再赘述。

（2）创建会员信息操作类 MemberOpr，分别定义增、删、查、改方法。

（3）实现会员信息管理界面窗体中的事件处理内容，事件处理流程如图 5-2 所示。

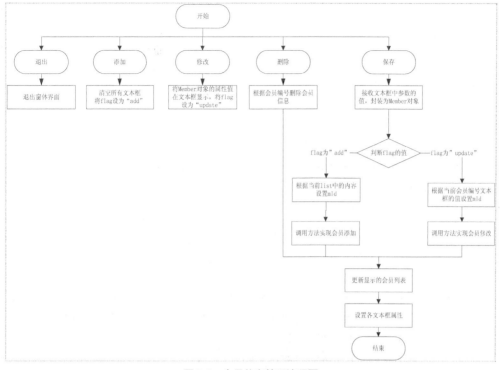

图 5.2　会员信息管理流程图

实现过程

步骤一　会员操作类的定义

会员操作类定义 4 个方法，分别实现会员信息的增、删、改、查操作，具体如表 5-1 所示。

表 5-1　会员操作类方法输入、输出参数及功能分析

功能	参数说明	方法名	说明
会员信息添加	输入： Member m	public void add(Member m)	将输入的参数 m 添加到集合对象中
会员信息查询	输入： String field，String key 输出： LinkedList<Member>	public LinkedList <Member> query(String field,String key)	根据输入参数：字段、关键字查询集合对象中符合条件的结果
根据 ID 查询会员信息	输入：Int mId 输出：Member	public Member getById(int mId)	根据会员 ID 返回会员对象
根据卡号查询会员信息	输入： String cardNum 输出： Member	public Member getByCard(String cardNum)	根据会员卡号返回会员对象
会员信息修改	输入： Member m	public void update(Member m)	根据会员 ID 查找到对象，然后修改
会员信息删除	输入： int mId	public void delete(int mId)	根据会员 ID 查找到对象，然后删除

具体实现代码如下。

```java
1    import java.util.LinkedList;
2    import com.smms.model.Member;
3
4    public class MemberOpr {
5        private LinkedList<Member> list;
6        public MemberOpr(LinkedList<Member> list) {
7            this.list = list;
8        }
9        public void add(Member m) {
10           list.add(m);
11       }
12       public LinkedList<Member> query(String field, String key) {
13           LinkedList<Member> tempList = new LinkedList<Member>();
14           for(Member m : list){
             if(field.equals("mName")&&m.getmName().contains(key)||field.equals
         ("mCard")&&m.getmCard().contains(key)||field.equals("mIdentity")&&m.
         getmIdentity().contains(key)){
15                   tempList.add(m);
16               }
17           }
18           return tempList;
19       }
20
21       public void update(Member m) {
22           for(Member item : list){
23               if(item.getmId() == m.getmId()){
24                   list.remove(item);
25                   list.add(m);
26                   break;
27               }
28           }
29       }
30
31       public void delete(int mId) {
32           for(Member m : list){
33               if(m.getmId() == mId){
34                   list.remove(m);
```

```
35              break;
36          }
37       }
38    }
39 }
```

步骤二 窗体中事件处理的实现

实现"会员信息管理"界面中"保存"、"删除 "、"添加 "、"修改 "等按钮的事件处理。

（1）"保存"事件。点击"保存"按钮，事件处理代码如下。

```
1    JButton button_save = new JButton("保存");
2    button_save.addActionListener(new ActionListener() {
3    public void actionPerformed(ActionEvent e) {
4    SimpleDateFormat  sdf  =  new  SimpleDateFormat( "yyyy-MM-dd");
5    Member m = new Member();
6    m.setmCard(textField_CardID.getText());
7    m.setmName(textField_Membername.getText());
8    m.setmTel(textField_tel.getText());
9    m.setmIdentity(textField_IdentityID.getText());
10   m.setmPoint(Integer.parseInt(txtTew.getText()));
11   //字符串转化为java.sql.date
12   try {
13       java.util.Date utilDate = sdf.parse(textField_regDate.getText());
14       java.sql.Date sqlDate = new java.sql.Date(utilDate.getTime());
15       m.setmRegDate(sqlDate);
16       utilDate = sdf.parse(textField_borndate.getText()) ;
17       sqlDate = new java.sql.Date(utilDate.getTime());
18       m.setmBirth(sqlDate);
19       } catch (ParseException e1) {
20               e1.printStackTrace();
21       }
22       if(radioButto_sexfmale.isSelected())
23           m.setmSex("男");
24       else if(radioButton_sexmale.isSelected())
25           m.setmSex("女");
26       if(oprFlag.equals("add")){
27           m.setmId(getID(list)); //根据现有数据生成会员ID
28           mdi.add(m);
29       }else if(oprFlag.equals("update")){
30           m.setmId(Integer.parseInt(textField_MemberID.getText()));
31           mdi.update(m);
```

```
32              }
33              updateTable(table,list);
34              unEdit();
35          }
36      });
37  });
```

（2）"删除"事件。单击"删除"按钮，根据会员 ID 从 LinkedList 中删除元素，事件处理过程代码如下。

```
1   JButton button_del = new JButton("删除");
2   button_del.addActionListener(new ActionListener() {
3       public void actionPerformed(ActionEvent e) {
4           //获取会员ID
5           String strPid = textField_MemberID.getText();
6           if(strPid==null||strPid.length()==0){
7               JFrame j=new JFrame();
8               JOptionPane.showMessageDialog(j, "编号为空不能删除");
9           }
10          else if(strPid!=null&&strPid.length()>0){
11              mdi.delete(Integer.parseInt(strPid));
12              initText();
13          }
14          updateTable(table,"select * from member_info");
15      }
16  });
```

（3）"添加"事件。单击"添加"按钮，将所有文本框清空，设置为可编辑状态（会员编号除外）。

```
1   button_add = new JButton("添加");
2   button_add.addActionListener(new ActionListener() {
3       public void actionPerformed(ActionEvent e) {
4           initText();
5           cardnum=new Cardnum();
6           textField_CardID.setText(cardnum.getCardnum());
7           isEdit();
8           txtTew.setEditable(false);
9           oprFlag = "add";
10
11      }
12  });
```

（4）"修改"事件。单击"修改"按钮，根据会员 ID 获取会员信息，将文本框设置为可编辑状态。

```
1    JButton button_upd = new JButton("修改");
2    button_upd.addActionListener(new ActionListener() {
3        public void actionPerformed(ActionEvent e) {
4            String strPid = textField_MemberID.getText();
5            if(strPid==null||strPid.length()==0){
6                JFrame j=new JFrame();
7                JOptionPane.showMessageDialog(j, "编号为空不能编辑");
8            }
9            else if(strPid!=null&&strPid.length()>0){
10               isEdit();
11               oprFlag = "update";
12           }
13       }
14   });
```

（5）其他。

① 初始化文本框。

```
1        private void initText(){
2            textField_MemberID.setText(null);
3            textField_CardID.setText(null);
4            textField_Membername.setText(null);
5            textField_borndate.setText(null);
6            textField_tel.setText(null);
7            textField_IdentityID.setText(null);
8            txtTew.setText("0");
9            java.util.Date date = new java.util.Date();
10           SimpleDateFormat  sdf  =  new  SimpleDateFormat("yyyy-MM-dd");
11           textField_regDate.setText(sdf.format(date));
12       }
```

② 将文本框设为可编辑/不可编辑状态。

```
1        private void isEdit(){
2            textField_CardID.setEditable(false);
3            textField_Membername.setEditable(true);
4            textField_borndate.setEditable(true);
5            textField_tel.setEditable(true);
6            textField_IdentityID.setEditable(true);
7            txtTew.setEditable(true);
8            textField_regDate.setEditable(false);
9        }
```

```
10      private void unEdit(){
11          textField_CardID.setEditable(false);
12          textField_Membername.setEditable(false);
13          textField_borndate.setEditable(false);
14          textField_tel.setEditable(false);
15          textField_IdentityID.setEditable(false);
16          txtTew.setEditable(false);
17          textField_regDate.setEditable(false);
18      }
```

③ 刷新列表显示。

```
1       public void updateTable(JTable table,String sql){
2           table.setBorder(new LineBorder(new Color(0, 0, 0)));
3           table.setBounds(0, 0, 211, 260);
4           String[] tColumnName = new
    String[]{"m_id","m_card","m_name","m_sex"};
5           String[] tTitleName = new String[]{"编号","会员卡号", "会员姓名",
    "性别"};
6           ResultSet rs = mdi.list(sql);
7           try {
8               TableModel tm = new TableModel(rs,tColumnName,tTitleName);
9               table.setModel(tm);
10          } catch (Exception e1) {
11              e1.printStackTrace();
12          }
13      }
```

技术要点

1. 在 Swing 应用程序中使用 MVC 模式

Swing 组件的 MVC 模式设计，使整个 Swing 组件以 Model 为核心，在 Swing 组件上注册事件监听器。在 Swing 组件的监听器中，可以通过响应用户的操作，调用业务层的代码进行业务计算，计算完成后，通过更改 Swing 组件的 Model，及时改变 Swing 组件的 UI 外观。Model 定义了组件的行为，而 View/Controller 定义了组件的表现。会员信息管理由界面类（View）、控制类（Controller）和模型类（Model）组成。

2. List 接口及实现类 LinkedList

List 接口继承自 Collection 接口，它是一个允许存在重复元素的有序集合。List 的最大特点就是能够自动根据插入的数据量来动态改变容器的大小。LinkedList 是 List 接口的链接列表实现，在实现 List 接口的同时，还为在列表的开头及结尾元素的取出、删除和添加提供统一的方法，这些操作允许将链接列表用作堆栈、队列或双端队列。采用 LinkedList 类主要是为了与会员界面设计中的 JTable 组件以及应用 DefaultTableModel。

3. Date 日期类

在标准 Java 类库中包含一个 Date 类，其对象用来描述一个时间点。Java 通过提供 java.util.Date 类对日期和时间的系统信息进行封装。使用 java.text.SimpleDateFormat 类进行文本日期和 Date 日期的转换。

拓展学习

5.1　Collection 集合框架

Java 语言的 Collection 接口及实现类是在 java.util 包中定义了这样一组类和接口，它们实现了各种方式的数据存储，这一组类和接口的设计结构被统称为集合框架(Collection Framework)。Java 集合框架由 Collection 和 Map 两种类型构成。Collection 对象用于存放一组对象，Map 对象用于存放一组关键字/值的对象。集合框架中的接口和类都位于 java.util 包中。Collection 和 Map 是最基本的接口，它们又有子接口，这些接口的层次关系如图 5.3 所示。

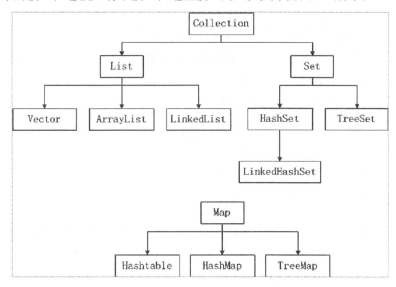

图 5.3　Java 集合框架中类与接口的关系图

5.1.1　Collection 接口

Collection 接口是所有集合类型的根接口，它有 3 个子接口：Set 接口、List 接口和 Queue 接口。Collection 接口实现的基本操作方法如下。

- ◆　size()：返回集合中元素的个数。
- ◆　isEmpty()：返回集合是否为空。
- ◆　contains()：返回集合中是否包含指定的对象。
- ◆　add()和 remove()：实现向集合中添加元素和删除元素的功能。
- ◆　iterator()：用来返回 Iterator 对象。

Collection 接口提供了基本操作，如添加、删除。它也支持查询操作，如是否为空 isEmpty() 方法等。为了支持对 Collection 进行独立操作，Java 的集合框架给出了一个 Iterator（迭代器），通过调用集合对象的 iterator()方法可以得到 Iterator 对象，再调用 Iterator 对象的方法就可以遍历集合中的每个元素。它可以泛型操作一个 Collection，而无须知道这个 Collection 的具体实现类型。Collection 有众多的实现类和子接口，从 API 文档截图如图 5.4 所示。

```
java.util
接口 Collection<E>

所有超级接口：
    Iterable<E>

所有已知子接口：
    BeanContext, BeanContextServices, BlockingDeque<E>,
    BlockingQueue<E>, Deque<E>, List<E>, NavigableSet<E>, Queue<E>,
    Set<E>, SortedSet<E>

所有已知实现类：
    AbstractCollection, AbstractList, AbstractQueue,
    AbstractSequentialList, AbstractSet, ArrayBlockingQueue,
    ArrayDeque, ArrayList, AttributeList, BeanContextServicesSupport,
    BeanContextSupport, ConcurrentLinkedQueue, ConcurrentSkipListSet,
    CopyOnWriteArrayList, CopyOnWriteArraySet, DelayQueue, EnumSet,
    HashSet, JobStateReasons, LinkedBlockingDeque,
    LinkedBlockingQueue, LinkedHashSet, LinkedList,
    PriorityBlockingQueue, PriorityQueue, RoleList,
    RoleUnresolvedList, Stack, SynchronousQueue, TreeSet, Vector
```

图 5.4 Collection 接口的子接口和实现类

Iterator 接口也是 Java 集合框架的成员，主要用于遍历（即迭代访问）Collection 集合中的元素，也称为迭代器。提供的 3 种常用方法如下。

- boolean hasNext()：返回集合中的下一个元素。
- Object next()：返回集合中的下一个元素。
- void remove()：删除集合中的上一次 next 方法返回的元素。

5.1.2 List 接口

List 接口继承了 Collection 接口，它是一个允许存在重复元素的有序集合。List 接口还提供了对某个索引进行操作，其主要实现类包括 Vector、ArrayList、Linkedlist。

List 接口的常用方法如下。

- add(E o)：将指定对象加入列表中。
- add(int index, E element)：将对象加入指定位置处。
- addAll(Collection<? extends E> c)：将指定 collection 中的所有元素追加到此列表的结尾，顺序是指定 collection 的迭代器返回这些元素的顺序（可选操作）。
- addAll(int index, Collection<? extends E> c)：将指定 collection 中的所有元素都插入列表中的指定位置（可选操作）。
- remove(int index)：移除某个位置上的元素。
- remove(Object o)：移除列表中出现的首个指定元素。
- set(int index, E element)：用指定元素替换列表中指定位置的元素。

1．Vector 向量类

Vector 类是实现了 List 接口，用于描述可变的数组向量。它提供了实现可增长数组的功能，随着更多元素加入其中，数组变得更大。Vector 类有以下 3 个构造方法。

- ◆ public Vector(int initialCapacity,int capacityIncrement)
- ◆ public Vector(int initialCapacity)
- ◆ public Vector()

Vector 运行时创建一个初始的存储容量 initialCapacity，存储容量以 capacityIncrement 变量定义的增量增长。初始的存储容量和 capacityIncrement 可以在 Vector 的构造方法中定义。第二个构造方法只创建初始存储容量。第三个构造方法既不指定初始的存储容量，也不指定 capacityIncrement。

Vector 类提供的访问方法支持类似数组运算和与 Vector 大小相关的运算。类似数组的运算允许在向量中增加、删除和插入元素。Vector 非常类似于 ArrayList，但 Vector 是同步类 (synchronized)。Vector 和 ArrayList 在更多元素添加进来时会请求更大的空间。Vector 每次请求其大小的双倍空间，而 ArrayList 每次对 size 增长 50%。Vector 开销比 ArrayList 要大。正常情况下，大多数 Java 程序员使用 ArrayList，而不是 Vector。

【例 5-1】通过 VectorDemo.java 演示 Vector 的使用，包括 Vector 的创建、向 Vector 中添加元素、从 Vector 中删除元素。

```
1    public class VectorDemo {
2       public static void main(String[] args) {
3           Vector<Product> v = new Vector<Product>();
4           Product p1 = new Product("洗衣粉","生活家居
         ",11.8,"6903986828122",false,0,100,"");
5           Product p2 = new Product("护手霜","生活家居
         ",5.8,"7603546828322",false,0,100,"");
6           Product p3 = new Product("卫生纸","生活家居
         ",2.5,"8953645836379",false,0,100,"");
7           v.add(p1);
8           v.add(p2);
9           v.add(p3);
10          System.out.println("商品信息为：");
11          for(Product p:v){
12              System.out.println(p.getPName());
13          }
14          System.out.println("--------------------");
15          System.out.println("删除2号商品");
16          v.remove(p2);
17          System.out.println("商品信息为：");
18          //迭代vector中的对象
19          Iterator<Product> it = v.iterator();
20          while(it.hasNext()){
21              System.out.println(it.next().getPName());
```

```
22        }
23      }
24  }
```

由于 Collection 接口不提供 get()方法。要遍历 Collection 中的元素，就必须使用 Iterator。迭代器（Iterator）本身就是一个对象，它的工作就是遍历并选择集合序列中的对象，Iterator 中 hasNext()方法的功能是返回集合中的下一个元素，这里作为判断条件，检查序列中是否有元素。

2．ArrayList 数组列表类

ArrayList 是最常用的实现类，它是通过数组实现的集合对象。ArrayList 实现了 List 接口，用于描述长度可变的数组列表，其元素可以动态地增加和删除。它的定位访问时间是常量时间。同 vector 一样是一个基于 Array 的列表，但不同的是，ArrayList 不是同步的。因此在性能上要比 Vector 优越一些，用在单线程环境下。但是当运行到多线程环境中时，可需要自己管理线程时解决同步的问题。

ArrayList 的构造方法如下。

- ArrayList() 创建一个空的数组列表对象。
- ArrayList(Collection c) 用集合 c 中的元素创建一个数组列表对象。
- ArrayList(int initialCapacity) 创建一个空的数组列表对象，并指定初始容量。

【例 5-2】通过 ArrayListTest.java 演示 ArrayList 的使用，包括 ArrayList 的创建、向 ArrayList 中添加元素、从 ArrayList 中删除元素。

```java
import java.util.ArrayList;
import java.util.Iterator;
import java.util.List;

public class ArrayListTest {
    public static void main(String[] args) {
        List<String> list = new ArrayList<String>();
        //添加元素
        list.add("洗衣粉");
        list.add("洗发水");
        list.add("面膜");
        list.add("洗面奶");
        list.add("洗手液");
          //遍历
        for (String string : list) {
            System.out.println(string);
        }
        System.out.println("----------------");
            //删除
        list.remove("面膜");
        //迭代器遍历
```

```
Iterator<String> iterator = list.iterator();
while(iterator.hasNext()){
    System.out.println(iterator.next());
}
System.out.println("------------------");
list.clear();
System.out.println("清空后list的大小"+list.size());//打印大小
System.out.println("------添加新元素------");
List<String> list2 = new ArrayList<String>();
list2.add("肥皂");
list2.add("香皂");
//将list2添加到list中
list.addAll(list2);
//遍历
for (String string : list) {
    System.out.println(string);
}
    }
}
```

Arraylist 类与 Vector 类都实现了 List 接口，由于 Collection 接口不提供 get()方法。所以要遍历 Collection 中的元素，就必须用迭代器 Iterator。编译运行代码，结果如图 5.5 所示。

图 5.5 ArrayListTest.java 程序运行结果

5.1.3 LinkedList 类

LinkedList 类不同于前面两种 List 接口实现类，ArrayList 底层使用数组存储，LinkedList 底层使用双向链表存储。因此 LinkedList 不是基于 Array 的，不受 Array 性能的限制。它是一种双向的链式结构，每一个对象除了数据本身外，还有两个引用，分别指向前一个元素和后一个元素。也就是说，每一个节点（node）都包含以下两方面的内容。

- 节点本身的数据（data）。
- 下一个节点的信息（nextnode）。

LinkedList 的构造方法如下。

- LinkedList()：创建一个空的链表。
- LinkedList(Collection c)：用集合 c 中的元素创建一个链表。

对 LinkedList 进行添加、删除动作时，不用像基于 Array 的 List 一样，必须进行大量的数据移动。只要更改 nextnode 的相关信息即可实现。这就是 LinkedList 的优势。LinkedList 类的主要方法如表 5-2 所示。ArrayList、LinkedList、Vector 的用法类似，具体可参考 JDK API。

表 5-2 LinkedList 类的常用方法

返回类型	方法名	说明
boolean	add(E e)	将指定元素添加到此列表的结尾
void	clear()	从此列表中移除所有元素
boolean	contains(Object o)	如果此列表包含指定元素，则返回 true
E	get(int index)	返回此列表中指定位置处的元素
E	remove(int index)	移除此列表中指定位置处的元素
int	size()	返回此列表的元素数
boolean	remove(Object o)	从此列表中移除首次出现的指定元素（如果存在）
E	removeFirst()	移除并返回此列表的第一个元素
E	removeLast()	移除并返回此列表的最后一个元素

【例 5-3】创建一个新闻标题管理类，实现添加新闻标题、统计新闻数及循环输出。

新闻类 NewsTitle.java

```
1   public class NewsTitle {
2   private int id;              //ID
3   private String titleName;     //名称
4   private String creater;       //创建者
5   private Date createTime;  //创建时间
6
7   public NewsTitle (int id, String titleName, String creater,Date createTime)
    {
8      this.id = id;
9      this.titleName = titleName;
```

```
10    this.creater = creater;
11    this.createTime = createTime;
12  }
13  public String getTitleName() {
14      return titleName;
15  }
16  public void setTitleName(String titleName) {
17      this.titleName = titleName;
18  }
19  }
```

新闻管理类 NewsOpr.java

```
1  public class NewsOpr{
2    public static void main(String[] args) {
3    NewsTitle car = new NewsTitle (1, "汽车", "管理员", new Date());
4    NewsTitle test = new NewsTitle (2, "高考", "管理员", new Date());
5    List newsTitleList = new LinkedList();
6    newsTitleList.add(car);
7    newsTitleList.add(test);
8    System.out.println("新闻标题数目为: " + newsTitleList.size() + "条");
9    print(newsTitleList);
10   }
11  public static void print(List newsList) {
12    for (int i = 0; i < newsList.size(); i++) {
13      NewsTitle title = (NewsTitle) newsList.get(i);
14      System.out.println(i + 1 + ":" + title.getTitleName());
15    }
16   }
17  }
```

5.1.4 Set 接口

Set 接口是 Collection 的子接口，Set 接口对象类似于数学上的集合，其中不允许有重复的元素。Set 是最简单的集合，集合中的对象不按照特定方式排序，不能出现重复对象，即加入 Set 的每个元素都必须是唯一的，否则 Set 不会把它加进去。Set 的接口和 Collection 的一样。Set 接口没有定义新的方法，只包含从 Collection 接口继承的方法。Set 的接口不会保证它用哪种顺序来存储元素。要想加进 Set，Object 必须定义 equals()，这样才能标明对象的唯一性。Set 接口有几个常用的实现类，它们的层次关系如图 5.6 所示。

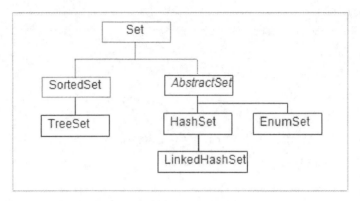

图 5.6　Set 接口及实现类的层次结构

Set 接口与集合操作相关的方法如下。

- s1.containAll(s2)：如果 s2 是 s1 的子集，则该方法返回 true。
- s1.addAll(s2)：实现集合 s1 与 s2 的并运算。
- s1.retainAll(s2)：实现集合 s1 与 s2 的交运算。
- s1.removeAll(s2)：实现集合 s1 与 s2 的差运算。

Set 接口的实现类有 3 个：HashSet、LinkedHashSet 和 TreesSet。

1. HashSet 类

HashSet 类是抽象类 AbstractSet 的子类，它实现了 Set 接口，HashSet 类使用哈希方法存储元素，具有最好的性能，但元素没有顺序。

HashSet 类的构造方法如下。

- HashSet()：创建一个空的哈希集合，装填因子(load factor)是 0.75。
- HashSet(Collection c)：用指定集合 c 的元素创建一个哈希集合。
- HashSet(int initialCapacity)：创建一个哈希集合，并指定集合初始容量。
- HashSet(int initialCapacity, float loadFactor)：创建一个哈希集合，并指定集合初始容量和装填因子。

HashSet 实现 Set 接口，由哈希表支持。它不保证 set 的迭代顺序，特别是不保证该顺序恒久不变。HashSet 类的常用方法包括 add()、remove()、contains() 和 size()。

【例 5-4】通过 HashSetDemo.Java 演示 HashSet 使用。

```java
public class HashSetDemo {
    public static void main(String[] args) {
        HashSet hs = new HashSet();
        hs.add("NewYork");
        hs.add("Paris");
        hs.add("Beijing");
        if(!hs.isEmpty())
            System.out.println("HashSet中有"+hs.size()+"个元素");
        Iterator it = hs.iterator();
        while(it.hasNext()){
            System.out.println(it.next());
```

```
        }
    }
}
```

2. LinkedHashSet 类

LinkedHashSet 类是 HashSet 类的子类。该实现与 HashSet 的不同之处是它对所有元素维护一个双向链表，该链表定义了元素的迭代顺序，这个顺序是元素插入集合的顺序。

3. TreesSet 类

TreeSet 是 SortedSet 接口的实现类，它基于元素的值对元素排序，它的操作要比 HashSet 慢。TreeSet 类的构造方法如下。

- TreeSet()：创建一个空的树集合。
- TreeSet(Collection c)：用指定集合 c 中的元素创建一个新的树集合，集合中的元素按照元素的自然顺序排序。
- TreeSet(Comparator c)：创建一个空的树集合，元素的排序规则按给定集合 c 的规则排序。
- TreeSet(SortedSet s)：用 SortedSet 对象 s 中的元素创建一个树集合，排序规则与 s 的排序规则相同。

LinkedHashSet 类与 TreesSet 类具体方法的使用可以参阅 Java API。

5.1.5　Map 接口

Map 接口是一种把键对象和值对象进行映射的集合，它的每一个元素都由一对键对象和值对象组成。将键映射到值的对象。一个映射不能包含重复的键；每个键最多只能映射一个值。因为 Map 的键使用 Set 存放，所以键对应的类必须重写 hashCode()和 equals()方法，通常用 String 类型作为键。Map 接口操作如表 5-3 所示。Map 接口的常用实现类有 HashMap、TreeMap 和 Hashtable 类。

表 5-3　Map 接口操作

返回类型	方法名	说明
void	clear()	从此映射中移除所有映射关系
boolean	containsKey(Object Key)	如果此映射包含指定键的映射关系，则返回 true
boolean	containsValue(Object value)	如果此映射为指定值映射一个或多个键，则返回 true
V	get(Object key)	返回此映射中映射到指定键的值
V	put(K key,V value)	将指定的值与此映射中的指定键相关联
Set<Map,Entry<K,V>>	entrySet()	返回此映射中包含映射关系的 set 视图
Set<K>	keyset()	返回此映射中包含键的 set 视图
V	remove(Object key)	如果存在此键的映射关系，则将其从映射中移除
int	size()	返回此映射中的键-值映射关系

1．实现类 HashMap

HashMap 基于哈希表的 Map 接口实现，允许使用 null 值和 null 键。此类不保证映射的顺序，特别是不保证顺序恒久不变。

HashMap 类的构造方法如下。

◆ HashMap()：创建一个空的映射对象，使用默认的装填因子(0.75)。

◆ HashMap(int initialCapacity)：用指定的初始容量和默认的装填因子(0.75)创建一个映射对象。

◆ HashMap(int initialCapacity, float loadFactor)：用指定的初始容量和指定的装填因子创建一个映射对象。

◆ HashMap(Map t)：用指定的映射对象创建一个新的映射对象。

HashMap 类是基于哈希表的 Map 接口的实现类，它继承了 Map 接口的所有操作。

【例 5-5】 通过 HashMapDemo.java 演示 HashMap 的使用。

```
1   public class HashMapDemo {
2       public static void main(String[] args) {
3           HashMap<String,Member> hm = new HashMap<String,Member>();
4           hm.put("jack", new Member("jack","男","jack@163.com","123"));
5           hm.put("bruce", new Member("bruce","男","bruce@163.com","123"));
6           hm.put("lucy", new Member("lucy","女","lucy@163.com","123"));
7           hm.put("rose", new Member("rose","女","rose@163.com","123"));
8           System.out.println("hm:");
9           System.out.println(hm);
10          System.out.println("打印输出成员列表：");
11          Set<String> key = hm.keySet();
12          Iterator<String> it = key.iterator();
13          while(it.hasNext()){
14              Member m = (Member)hm.get(it.next());
15              System.out.println(m);
16          }
17      }
18  }
```

编译运行，结果如图 5.7 所示。

```
hm:
{rose=姓名: rose    性别: 女    邮箱: rose@163.com      密码: 123, jack=姓名: jack    性别: 男    邮箱: jack@163.com
打印输出成员列表:
姓名: rose          性别: 女    邮箱: rose@163.com        密码: 123
姓名: jack          性别: 男    邮箱: jack@163.com        密码: 123
姓名: bruce         性别: 男    邮箱: bruce@163.com       密码: 123
姓名: lucy          性别: 女    邮箱: lucy@163.com        密码: 123
```

图 5.7　HashMap 示例效果

2．Properties 类

Properties 继承自 Hashtable，实现了 Map 接口。Properties 类表示一个持久的属性集，属性列表中的每个键及其对应值都是一个字符串。Properties 可保存在流中或从流中加载。Properties

类存放的键值对都是字符串，在读取数据时不建议使用 put()、putAll()、get()等方法，应使用 Properties 特有的 setProperties(String key,String value)、getProperties(String key)等方法。

【例 5-6 】通过 PropertiesDemo.java 演示 Properties 类的使用。

首先在工程下创建一个属性文件 member.properties，内容如图 5.8 所示。

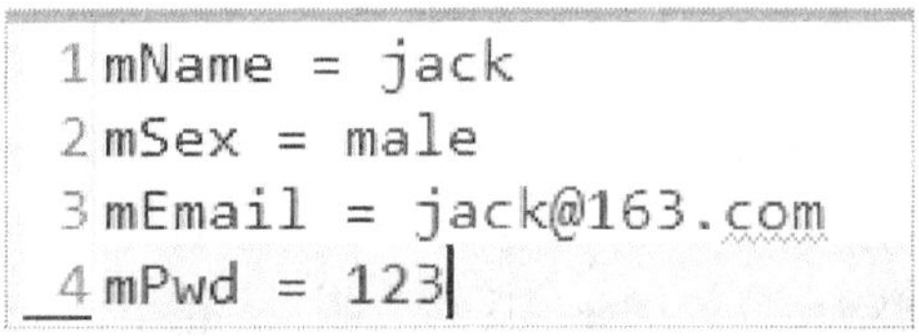

```
1 mName = jack
2 mSex = male
3 mEmail = jack@163.com
4 mPwd = 123
```

图 5.8   member.properties 的内容

然后编写编码，使用 Properties 类加载信息。

```java
public class PropertiesDemo {
    public static void main(String[] args) {
        try {
            InputStream is = new FileInputStream(new File("member.properties"));
            Properties prop = new Properties();
            prop.load(is);
            String mName = prop.getProperty("mName");
            String mSex = prop.getProperty("mSex");
            String mEmail = prop.getProperty("mEmail");
            String mPwd = prop.getProperty("mPwd");
            Member m = new Member(mName, mSex, mEmail, mPwd);
            System.out.println(m);
            System.out.println("新添加属性会员ID");
            prop.setProperty("mId", "1");
            System.out.println("新增属性会员ID: "+prop.getProperty("mId"));
        } catch (FileNotFoundException e) {
            e.printStackTrace();
        } catch (IOException e) {
            e.printStackTrace();
        }
    }
}
```

运行效果如图 5.9 所示。

```
<terminated> PropertiesDemo [Java Application] C:\Program Files\Java\jdk1.6.0_10\bin\javaw.exe (2

姓名: jack          性别: male          邮箱: jack@163.com          密码: 123
新添加属性会员ID
新增属性会员ID: 1
```

图 5.9   PropertiesDemo.java 运行结果

5.1.6 日期类

1. java.util.Date 类

Date 所有可以接受或返回年、月、日期、小时、分钟和秒值的方法都使用下面的表示形式。

- 年份 y 由整数 $y \sim 1900$ 表示。
- 月份由 $0 \sim 11$ 的整数表示；0 是一月，1 是二月，等等，因此 11 是十二月。
- 日期（一个月中的某天）按通常方式由整数 $1 \sim 31$ 表示。
- 小时由 $0 \sim 23$ 的整数表示。因此，从午夜到 1 a.m. 的时间是 0 点，从中午到 1 p.m. 的时间是 12 点。
- 分钟按通常方式由 $0 \sim 59$ 的整数表示。
- 秒由 $0 \sim 61$ 的整数表示；值 60 和 61 只对闰秒发生，尽管那样，也只用在实际正确跟踪闰秒的 Java 实现中。按当前引入闰秒的方式，两个闰秒在同一分钟内发生是极不可能的，但此规范遵循 ISO C 的日期和时间约定。

java.util.Date 类的构造方法如下。

- **Date()**：分配 Date 对象并初始化此对象，以表示分配它的时间（精确到毫秒）。
- **Date**(long date)：分配 Date 对象并初始化此对象，以表示自标准基准时间（称为"历元（epoch）"，即 1970 年 1 月 1 日 00:00:00 GMT）以来的指定毫秒数。

java.util.Date 类的常用方法如表 5-4 所示。

表 5-4　java.util.Date 类的常用方法

返回类型	方法名	说明
int	compareTo(Date anotherDate)	比较两个日期的顺序
long	getTime()	返回自 1970 年 1 月 1 日 00:00:00 GMT 以来，此 Date 对象表示的毫秒数
void	setTime(long time)	设置此 Date 对象，以表示 1970 年 1 月 1 日 00:00:00 GMT 以后 time 毫秒的时间点
String	toString()	把此 Date 对象转换为以下形式的 String： dow mon dd hh:mm:ss zzz yyyy 其中，dow 是一周中的某一天 (Sun, Mon, Tue, Wed, Thu, Fri, Sat)

2. java.text.SimpleDateFormat

java.text.SimpleDateFormat 继承自 java.text.DateFormat，是一个以与语言环境有关的方式来格式化和解析日期的具体类。它允许进行格式化（日期→文本）、解析（文本→日期）和规范化。SimpleDateFormat 可以格式化日期类对象，将日期对象转化成文本字符串，将解析文本转化成日期类对象。

java.text.Simple Date Format 类的构造方法如下。

- SimpleDateFormat()：用默认的模式和默认语言环境的日期格式符号构造 SimpleDateFormat。

◆ SimpleDateFormat(String pattern)：用给定的模式和默认语言环境的日期格式符号构造 SimpleDateFormat。

◆ SimpleDateFormat(String pattern, DateFormatSymbols formatSymbols)：用给定的模式和日期符号构造 SimpleDateFormat。

◆ SimpleDateFormat(String pattern, Locale locale)：用给定的模式和给定语言环境的默认日期格式符号构造 SimpleDateFormat。

java.text.SimpleDateFormate 类的常用方法如表 5-5 所示。

表 5-5　java.text.SimpleDateFormat 类的常用方法

返回类型	方法名	说明
StringBuffer	format(Date date, StringBuffer toAppendTo, FieldPosition pos)	将给定的 Date 格式化为日期/时间字符串，并将结果添加到给定的 StringBuffer
Date	parse(String text, ParsePosition pos)	解析字符串的文本，生成 Date

表 5-6　常用的日期时间格式

日期和时间模式	结果
"yyyy.MM.dd G 'at' HH:mm:ss z"	2012.07.04 AD at 12:08:56 PDT
"EEE, MMM d, ''yy"	Wed, Jul 4, '01
"h:mm a"	12:08 PM
"hh 'o''clock' a, zzzz"	12 o'clock PM, Pacific Daylight Time
"K:mm a, z"	0:08 PM, PDT
"EEE, d MMM yyyy HH:mm:ss Z"	Wed, 4 Jul 2012 12:08:56 -0700
"yyMMddHHmmssZ"	010704120856-0700
"yyyy-MM-dd'T'HH:mm:ss.SSSZ"	2012-07-04T12:08:56.235-0700

【例 5-7】以"yyyy-MM-dd"格式显示当前日期。

```
Date date = new Date();
SimpleDateFormat sdf = new SimpleDateFormat("yyyy-MM-dd");
//以"yyyy-MM-dd"格式输出当前日期
System.out.println(sdf.format(date));
```

3. java.sql.Date

java.sql.Date 继承自 java.util.Date 类，是一个包装了毫秒值的瘦包装器 (thin wrapper)，它允许 JDBC 将毫秒值标识为 SQL DATE 值。毫秒值表示自 1970 年 1 月 1 日 00:00:00 GMT 以来经过的毫秒数。为了与 SQL DATE 的定义一致，由 java.sql.Date 实例包装的毫秒值必须通过将小时、分钟、秒和毫秒设置为与该实例相关的特定时区中的 0 来"规范化"。

java.sql.Date 类的构造方法如下。

Date(long date)：使用给定毫秒时间值构造一个 Date 对象。

java.sql.Date 类的常用方法如表 5-7 所示。

表 5-7 java.sql.Date 类的常用方法

返回类型	方法名	说明
void	setTime(long date)	使用给定毫秒时间值设置现有 Date 对象
String	toString()	格式化日期转义形式 yyyy-mm-dd 的日期
static Date	valueOf(String s)	将 JDBC 日期转义形式的字符串转换成 Date 值

java.util.Date 是 java.sql.Date 的分类，java.util.Date 使用于不包含 SQL 语句的情况下，java.sql.Date 是针对 SQL 语句使用的，它只包含日期而没有时间部分，它都有 getTime 方法返回毫秒数。从类的继承关系上看，java.util.Date 类是 java.sql.Date 类的 super 类。java.util.Date 类与 java.sql.Date 类的转换如下。

```
java.util.Date date1 = new java.util.Date();
java.sql.Date date2 = new java.sql.Date(date1.getTime());
```

5.1.7 MVC 开发模式

MVC 是英文 Model-View-Controller 的缩写，中文翻译为"模式-视图-控制器"，它是一种设计模式，就是把一个应用的输入、处理、输出流程按照 Model、View、Controller 的方式进行分离，这样一个应用被分成 3 个层——模型层、视图层、控制层。

MVC 设计模式通常用来设计整个用户界面(GUI)。Swing 是 MVC 模式的典范。Swing 的各个可视化组件都使用 MVC 模式来设计。

1．Swing 组件由 3 个部分组成

（1）Swing 的 Model。这是 MVC 中的 Model（模型）部分。它保存了 Swing 组件所需的数据。Swing 组件的 UI 需要根据它来展现。

（2）Swing 的 UI 类。这是 MVC 模式的 View（视图）部分。它根据组件 Model 中的数据，执行绘制、展现 Swing 组件的任务。

（3）Swing 组件类。这是"门面"，它封装了 Swing 的 UI 对象和 Model 对象。一般都是通过它来操纵 Swing 组件，不会直接使用 Swing 组件内部的 UI 对象和 Model 对象。Swing 组件之间还存在复杂的关系。在 Swing 组件上还可以注册一系列的事件监听器。它们就是 MVC 模式中的 Controller 控制器。Model 代表组件状态，Controller 管理 model 和用户之间的交互的控制。View/Controller 被合并到了一起，这是 MVC 设计模式通常的用法，它们提供了组件的用户界面(UI)。

2．在 Swing 应用程序中使用 MVC 模式

在 Swing 应用程序的编写过程中，使用 Swing 组件的两个部分如下。

（1）Swing 组件的 Model。Swing 组件的 MVC 模式设计，使整个 Swing 组件以 Model 为核心。通过更改 Model，可以即时改变 Swing 组件的 UI 外观。

（2）在 Swing 组件上注册事件监听器。这是 Swing 组件的控制器。在 Swing 组件的监听器中，可以响应用户的操作，调用业务层的代码进行业务计算，计算完成后，修改某个 Swing 组

件的 Model, 即修改 Swing 程序的 UI 外观。

使用 MVC 模式, 可以更好地分离代码和数据, 使整个应用的表现层部分更加低耦合、高内聚, 灵活性更大。

技能训练

1.采使用 MVC 模式实现商品信息管理模块,商品管理界面中的信息浏览与查询采用 JTable 组件, 数据临时存储机制采用 LinkedList, 实现商品的增加、查询、删除和修改功能。

（1）创建商品信息类和商品管理界面类。

（2）创建商品信息操作类,分别定义增、删、查、改方法。

（3）实现商品信息管理界面窗体中事件的处理内容。

2. 使用 MVC 模式实现用户信息管理模块,用户管理界面中的信息浏览与查询采用 JTable 组件, 数据临时存储机制采用 LinkedList, 实现用户的增加、查询、删除和修改功能。

（1）创建用户信息类和用户管理界面类。

（2）创建用户信息操作类,分别定义增、删、查、改方法。

（3）实现用户信息管理界面窗体中的事件处理内容。

任务 5.2　实现会员信息管理的继承模式

任务目标

1. 熟悉继承的概念及其实现形式。

2. 能运用继承、方法覆盖（重写）优化程序，实现会员信息的增、查、删、改功能。

任务分析

由于会员信息管理、商品信息管理、商品进货管理等模块的功能基本类似：增加、删除、修改、查询，并且都具有 LinkedList 属性，所以在编写代码过程中会出现一定的重复，从而产生冗余代码。本模块通过类的继承减少代码重复和冗余，实现程序结构的优化。主要抽象出父类 OPR.java 结构，然后创建 OPR.java 类的子类——会员信息类 MemberOpr1.java。

实现过程

1.　创建父类 OPR，定义属性和方法

分析会员信息操作类和商品信息操作类如表 5-8 所示，其方法相同，过程相同，不同的是输入和返回类型不同，可以创建一种通用的类方法，使得会员操作与商品操作这两种不同类型的对象都具有这个方法。可以通过项目三中任务 3.2 已学过的继承来解决。

表 5-8　会员与商品信息操作类功能对比

功能	会员信息	商品信息
添加	public void add(Member)	public void add(Product)
查询	public LinkedList<Member> query(string field,String key)	public LinkedList<Product> query(string field,String key)
修改	public void update(Member)	public void update(Product)
删除	public void delete(Member)	public void delete(Product)
获取对象	public Member getById(int mId)	public Product getById(int mId)

将共同的属性和方法封装在父类 OPR 中，会员信息和商品信息操作类通过继承父类的方式，直接继承父类中的属性和方法，不需要重复定义。父类的 UML 类图如图 5.10 所示。

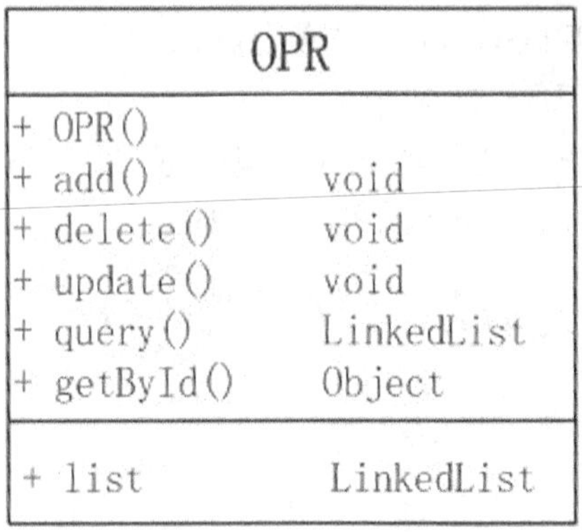

```
            OPR
+ OPR()
+ add()          void
+ delete()       void
+ update()       void
+ query()        LinkedList
+ getById()      Object

+ list           LinkedList
```

图 5.10　父类 OPR 类图

关键点：

➤　需要被子类继承的属性，访问类型需要设置为"protected"，如果设置为"private"，则无法被子类继承。

➤　方法设置为"public"，详见项目三中任务 3.1 的拓展知识——成员访问控制。

➤　Member 类与 Product 类是两种不同的数据类型，但是它们共同的父类是 Object，因此在涉及不同参数时，统一使用 Object 类，具体内容见技术要点。

➤　如果各个子类具体的实现方法不同，则可在父类中只声明方法，令方法体为空，具体功能可在不同的子类中实现。

```
1    public class OPR {
2        protected LinkedList list;
3        public void add(Object o){
4            list.add(o);
5        }
6        public void delete(int oId){    }
7        public void update(Object o){    }
8        public LinkedList query(String field,String key){
9            return list;
```

```
10      }
11  public Object getById(int oId){
12          return null;
13  }
14  }
```

2. 定义会员操作子类继承自父类

创建类 MemberOpr1.java 继承自父类 OPR.java，如图 5.11 所示。

图 5.11 创建 MemberOpr1.java

子类可以拥有与父类相同的方法，jdk1.6 之后通常会在方法之前加上"@Override"，标明是重写(覆盖)父类的方法，但这并不是必需的。子类中方法的实现与任务 5.1 类似，不同之处在于 Object 参数类型的使用。详细代码如下。

```
1   public class MemberOpr1 extends OPR {
2   public MemberOpr1(LinkedList list){
3           this.list = list;
4       }
5       @Override
6       public void delete(int oId) {
7           for(Object o : list){
```

```java
8              Member m = (Member) o;
9              if(m.getmId() == oId){
10                 list.remove(o);
11                 break;
12             }
13         }
14     }
15
16     @Override
17     public LinkedList query(String field, String key) {
18         LinkedList<Member> tempList = new LinkedList<Member>();
19         for(Object o : list){
20             Member m = (Member) o;
       if(field.equals("mName")&&m.getmName().contains(key)||field.equals
   ("mSex")&&m.getmSex().contains(key)){
21                 tempList.add(m);
22         }
23         }
24         return tempList;
25     }
26
27     @Override
28     public void update(Object o) {
29         Member m = (Member) o;
30         for(Object o1 : list){
31             Member m1 = (Member) o1;
32             if(m.getmId() == m1.getmId()){
33                 o1 = o;
34                 break;
35             }
36         }
37     }
38
39     @Override
40     public Object getById(int oId) {
41         for(Member item : (LinkedList<Member>)list){
42             if(item.getmId() == oId)
43                 return item;
44         }
```

```
45          return null;
46      }
47 }
```

3. 实现多态

继承实现以后，类结构关系如图 5.12 所示。

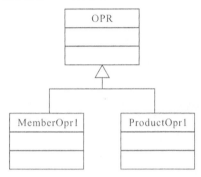

图 5.12　父类与子类的关系

MemberOpr1 与 ProductOpr1 都继承自 OPR 父类，继承了父类的添加方法，并且分别重写了父类的修改、删除、查询方法，但是各自的实现过程不同，这就形成了多态，重写（覆盖）是父类与子类之间多态性的一种表现。

技术要点

1. 所有类的父类：Object

Java 中的所有类都直接或间接继承自 Object 类，因此所有类都具有 Object 类的功能。Object 中的主要方法包括：toString、equals、hashCode 等。

（1）toString 方法。

toString 方法是 Object 中的重要方法之一，该方法将返回此对象的字符串表示，以便在实际运行或调试代码时可以获取字符串表示的对象状态信息，Java 中的大多数类都重写了这个方法，通常的方式是将类名以及成员变量的状态信息组合转换为一个字符串返回。

（2）equals 方法。

equals 方法来自 Object 类，所有类都有这个方法，String 类对其进行了重写，以满足字符串的比较要求。Object 类中涉及该方法就是为了让继承于它的类重写，以满足不同类型对象是否等价的要求。通过继承来的 equals 方法只有按照特定类的要求重写，才能满足该类的等价比较。

（3）hashCode 方法

Object 中定义的 hashCode() 方法返回该对象的哈希码值，针对不同的对象返回不同的整数（通过将对象的内部地址转换成一个整数实现）。

2. 继承

在 Java 中，所有类均直接或间接继承自 java.lang.Object 类，也可以说 Object 类是所有类的父类。继承很好地解决了代码重复，通过继承，一个类可以拥有已有类的功能。因此，只需指明新类与现有类的不同，即增加自己的属性和方法即可，从而有效减少了代码和数据的冗余，增强了程序的可重用性。Java 支持单继承，不支持多重继承，即各类只能有一个父类，但可以有多层继承。继承的实现通过关键字 extends 来表现。

需要注意的是，继承是代码重用的一种方式，滥用继承会造成很严重的后果。只有需要向新类添加新的操作，并把已存在类的默认行为融合进新类中时，才需要继承已存在的类。

3. 多态

简单来说，多态就是具有表现多种形态能力的特征，是同一个实现接口，使用不同的实例执行不同的操作。Java 多态性表现在以下两个方面。

（1）方法的重写，也称为方法的覆盖，是父类与子类之间多态性的一种表现，它是程序运行时的绑定，也称为后期绑定。

（2）方法的重载，是一个类中 Java 多态性的一种表现。方法的重载可以改变返回值的类型。它是在程序编译时绑定，也称为前期绑定。

拓展学习

5.2 Object 类与抽象类

5.2.1 Object 类

Object 类是类层次结构的根类。每个类都使用 Object 作为超类（都直接或间接继承此类）。所有对象（包括数组）都实现这个类的所有方法。Object 类抽象了所有类共有的一些属性和方法，它是一切类的父类，所有类均直接或间接继承它。

Object 类有一个默认构造方法 pubilc Object()，在构造子类实例时，都会先调用这个默认构造方法。Object 类的主要方法包括 toString、equals、hashCode 等。

1. toString()方法

toString()方法是 Object 类中的重要方法之一，其功能是将对象的内容转换成字符串，并返回其内容。该方法的定义形式如下。

```
public String toString()
```

Java 中的大多数类都重写了这个方法，通常的方式是将类的成员变量信息组合转换为一个字符串返回。

【例 5-8】覆盖 toString()方法示例。

```
class A {
    private int num;
    public A(int a) {
        num=a;
    }
    //覆盖toString()方法
    public String toString() {
        String str=" toString() called,num="+num;
```

```
        return  str;
    }
}

public class Example {
    public static void main(String  args[]) {
    Object a=new  A(2);
    System.out.println(a.toString());
    }
 }
```

在实际使用过程中，在有很多情况下都是通过多态调用 toString() 方法的。例如，a 是 Object 类的引用，引用的是 A 类的具体实例，这种父类的引用可以调用指向 A 类对象的 toString() 方法。

【例 5-9】会员信息类 Member 重写父类 Object 类中的 toString 方法。

```
1    public class Member {
2      private int mId;
3      private String mName;
4      private String mSex;
5      private String mEmail;
6      private String mPwd;
7      public Member() {}
8      public Member(String mName, String mSex, String mEmail, String mPwd) {
9         this.mName = mName;
10        this.mSex = mSex;
11        this.mEmail = mEmail;
12        this.mPwd = mPwd;
13      }
14      @Override
15      public String toString() {
16        return "姓名: "+mName+"\t 性别: "+mSex+"\t 邮箱: "+mEmail+"\t 密码: "+mPwd;
17      }
18      public static void main(String[] args) {
19        Object o = new Member("jack","male","jack@163.com","123");
20        System.out.println(o.toString());
21        System.out.println(o);
22      }
23    }
```

编译程序，运行效果如图 5.13 所示。

```
Problems  @ Javadoc  Declaration  Console  ⊠
<terminated> Member [Java Application] C:\Program Files\Java\jdk1.6.0_10\bin\javaw.exe (2012-4-2
姓名: jack        性别: male        邮箱: jack@163.com        密码: 123
姓名: jack        性别: male        邮箱: jack@163.com        密码: 123
```

图 5.13   toString 示例

在实际使用过程中，在很多情况下都是通过多态调用 toString 方法，这样无论什么类型的引用，都可以调用指向对象的 toString 方法。

从运行结果中看出，两次打印结果相同，这是因为 System.out.println 方法在打印时，如果引用不为空，则首先调用该引用指向对象的 toString 方法获取字符串，然后打印出来。如果没有重写 toString 方法，就按 Object 类实现获取字符串，打印的内容无实际意义。因此用户在开发自己的类时，如果没有特殊要求都应该重写 toString 方法，养成良好的编程习惯。

2．equals() 方法

前面在任务 2.2 中已学过 String 类型，对于比较两个字符串是否相等，是通过使用 equals 方法来实现的。对于非字符串变量来说，"=="和 equals 方法的作用相同，用来比较其对象在堆内存的首地址，即用来比较两个引用变量是否指向同一个对象。其实，equals 方法来自 Object 类，所有类都有这个方法，String 类对其进行了重写，用以满足字符串的比较要求。Object 类中涉及这个方法就是为了让继承它的类重写，以满足不同类型对象是否等价的要求。

equals()方法通过参数带入一个对象，将它与当前对象进行比较，测试两个对象是否相等。如果是，则返回 true，否则返回 false。该方法的定义形式如下。

```
public  Boolean equals(Object obj)
```

在 Object 类中，该方法的实现代码如下。

```
public boolean equals(Object obj){

    return (this==obj)

}
```

从代码中看出，Object 类的实现并没有实现两个对象是否等价的比较，而只是对两个引用进行了 "==" 比较，相当于比较两个引用是否指向同一个对象。因此，想真正比较对象是否等价，需要在特定的类中根据比较规则重写此方法。这里仍用 Member 类来演示 equals 方法示例。根据主键会员 ID 进行比较，如果相同，则表示这两个对象相等。

```
1    @Override
2       public boolean equals(Object obj) {
3           Member m = (Member)obj;
4           if(this.mId==m.mId)
5               return true;
6           else return false;
7       }
```

调用 Member 类中的 equals 方法。

```
1    public static void main(String[] args) {
2      Member m1 = new Member("jack","male","jack@163.com","123");
3      m1.setmId(1);
4      Member m2 = new Member("bruce", "male", "bruce@163.com", "123");
5      m2.setmId(2);
6      if(m1.equals(m2))
7        System.out.println("会员对象m1与m2相同");
8      else
9        System.out.println("会员对象m1与m2不相同");
10   }
```

从本例可以看出，通过继承来的 equals 方法只有按照特定类的要求重写，才能满足该类的等价比较。

3. hashCode 方法

Object 中定义的 hashCode()方法返回该对象的哈希码值，针对不同的对象返回不同的整数（通过将对象的内部地址转换成一个整数来实现）。

前面介绍 Set 集合时，提到 Set 中的对象不按照特定方式排序，并且没有重复对象，当容器中已经存储一个相同元素时，无法添加一个完全相同的元素。这里比较是否相同，则是调用了对象的 hashCode()方法，根据返回的哈希码来比较。因此，用 Set 存储自定义类型对象时，必须重写 equals()方法和 hashCode()方法。Set 在添加元素时系统会调用对象的 hashCode()方法，根据方法返回值将对象放到一个地址上，如果该地址上已经存在一个元素，则调用 equals()方法来比较两个对象是否相同，如果返回 true，则说明这两个元素相同，停止存放，如果不同，则覆盖已存在的元素。因此在重写 equals()和 hashCode()方法时要注意，如果两个对象一样，则它们的 hashCode()返回值一定要相同。

在 Member.java 中添加如下代码。

```
1    @Override
2    public int hashCode() {
3        return mId*365;
4    }
     //测试 Member 类中的 hashCode 方法
5        public static void main(String[] args) {
6            Member m1 = new Member("jack","male","jack@163.com","123");
7            m1.setmId(1);
8            Member m2 = new Member("bruce", "male", "bruce@163.com", "123");
9            m2.setmId(1);
10           HashSet hs = new HashSet<Member>();
11           hs.add(m1);
12           hs.add(m2);
13           Iterator it = hs.iterator();
14           while(it.hasNext()){
```

```
15              System.out.println(it.next());
16          }
17          if(m1.equals(m2))
18              System.out.println("会员对象m1与m2相同");
19          else
20              System.out.println("会员对象m1与m2不相同");
21      }
```

编译程序，运行结果如图 5.14 所示。

```
<terminated> Member [Java Application] C:\Program Files\Java\jdk1.6.0_10\bin\javaw.exe (2012-4-
姓名：jack          性别：male          邮箱：jack@163.com          密码：123
会员对象m1与m2相同
```

图 5.14　hashCode 效果 1

如果根据会员 ID 生成哈希码，当 m1 和 m2 的 mId 都设置为 1 时，hashCode()返回值相同，equals()也返回 true，则 "bruce" 添加不到 HashSet 中。

如果把 Member 类中重写的 hashCode()方法注释掉，则两个对象 m1 和 m2 返回的 hashCode 值不同，equals()返回值为 true。因为哈希码不同，所以两个会员对象都可以添加到 set 中。编译程序，运行效果如图 5.15 所示。

```
<terminated> Member [Java Application] C:\Program Files\Java\jdk1.6.0_10\bin\javaw.exe (2012-4-28 下
姓名：bruce          性别：male          邮箱：bruce@163.com          密码：123
姓名：jack           性别：male          邮箱：jack@163.com           密码：123
会员对象m1与m2相同
```

图 5.15　hashCode 效果 2

5.2.2　抽象类与抽象方法

在面向对象中，所有的对象都是通过类来描述，但是并不是所有的类都是用来描述对象的，如果一个类中没有包含足够的信息来描述一个具体的对象，这样的类就是抽象类。抽象类往往用来表征对问题领域进行分析、设计中得出的抽象概念，是对一系列看上去不同，但是本质上相同的具体概念的抽象。在面向对象领域，抽象类主要用来进行类型隐藏，构造出一个固定的一组行为的抽象描述，但是这组行为却能够有任意个可能的具体实现方式。这个抽象描述就是抽象类，而这一组任意个可能的具体实现则表现为所有可能的派生类。

抽象方法只能存在于抽象类或接口中。抽象类的抽象方法在其子类中具体实现（编写方法体）后，其子类就成为可以实例化的非抽象类，抽象类可以派生多个子类，子类根据其具体情况分别实现父类中的抽象方法，即子类中分别编写不同的方法体。由于子类继承了父类的所有非私有的属性和方法，因此子类的对象可以被作为一个父类对象来使用，能够访问父类的所有非私有成员。这就是所谓向上转型，即子类对象能够转换为父类对象的类型。其唯一用途是用于继承扩展。

抽象类的特点（强迫子类复写）如下。

➤ 抽象方法一定在抽象类中。

➤ 抽象方法和抽象类都必须由 abstract 关键字修饰。

> 抽象类不可以用 new 创建对象，即抽象类不可以实例化，只能被继承的子类（子类可以是抽象类，也可以不是）间接使用。

> 要使用抽象类中的方法，就必须由子类复写其所有的抽象方法后，建立该类对象调用。

抽象类比一般类多了抽象方法，抽象类不可以实例化，只能通过子类继承后实例化。在 Java 中，可以使用由 abstract 关键字声明的抽象类和抽象方法，抽象方法只有方法头，没有方法体。在 Java 中，如果一个类中包含抽象方法，则该类必须声明为 abstract，即抽象类。

如果从一个抽象类继承，则必须对所有抽象方法进行覆盖，否则子类也是抽象的。也就是说，如果子类只覆盖了部分抽象方法，那么该子类还是一个抽象类。

【例 5-10】子类继承抽象类示例。

```
1   abstract class FF              //父类使用abstract关键字修饰
2   {
3       abstract void show();      //抽象方法使用abstract修饰，不写功能主体
4       void sleep()
5       {
6           System.out.println("FF");
7       }
8   }
9
10  class ZZ extends FF            //子类继承抽象类父类
11  {
12    void show()                  //覆盖抽象方法show()
13    {
14      System.out.println("zzzzz");
15    }
16  }
17
18  public class The3 {
19
20   public static void main(String[] args) {
21    ZZ z=new ZZ();
22    z.show();
23    z.sleep();
24   }
25  }
```

【例 5-11】定义抽象类 Shape，从抽象类派生具体子类 Square 和 Triangle，并实现父类的抽象方法。

```
1   //源文件CalculateArea.Java
2   abstract  class Shape {
3       protected double length;/*存储平面图形的长*/
```

```
4       protected double width; /*存储平面图形的宽*/
5       Shape(double num, double num1){
6               length=num;
7               width=num1; }
8          public abstract    double area();
9       }


10   class Square extends Shape {
11      Square( double num, double num1){
12          super(num,num1) ;
13        }
14      public double area (){
15          System.out.println("正方形的面积为：");
16          return length*width;
17        }
18   }


19   class Triangle  extends Shape {
20      Triangle( double num, double num1){
21              super(num,num1) ;
22        }
23      public  double area (){
24          System.out.println("三角形的面积为：");
25          return (0.5*length*width);
26        }
27   }


28   public class CalculateArea {

29    public static void main( String[] arg){
30        Square  sqobj=new Square(20,20);
31        Triangle trobj=new Triangle(12,8) ;
32        System.out.println(sqobj.area());
33        System.out.println(trobj.area());


34        System.out.println("=======多态性=======");


35        Shape   fobj1=new Square(20,20);
36        Shape   fobj2=new Triangle(12,8) ;
```

```
37          System.out.println(fobj1.area());
38          System.out.println(fobj2.area());
39      }
40  }
```

程序运行结果如图 5.16 所示。

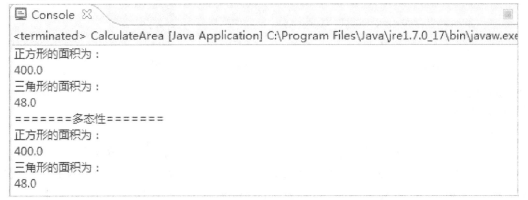

图 5.16　运行结果

程序第 2 ~ 第 9 行定义一个抽象类 Shape，该类中包含两个 protected 类型的变量，一个带参数的构造方法 Shape 和一个抽象方法 area（）。第 10 ~ 第 18 行定义一个子类 Square，该类实现父类中的抽象方法 area（），计算正方形面积，返回值为 double 型。第 19 ~ 第 27 行是定义一个子类 Triangle，该类实现父类中的抽象方法 area（），计算三角形面积，返回值为 double 型。第 30 行和第 31 行分别是两个可以实例化的具体类。第 35 行和第 36 行分别引用 Square 类的实例和 Triangle 类的实例。用父类的引用调用各种不同的子类就实现了多态，提高了程序灵活性。

5.2.3　Final 关键字

Java 语言允许用关键字 final 来修饰类、函数、变量。内部类定义在类中的局部位置上时，只能访问该局部被 final 修饰的局部变量。

◆　最终类：被 final 关键字修饰的类是不能被继承的类，称为最终类。

◆　最终方法：用 final 修饰的非最终类中的成员方法称为最终方法。最终方法不能覆盖，只能继承。

◆　常量：　Java 中被 final 修饰的变量是常量，一经赋值就不能再改变，只能赋值一次。习惯上用大写字母表示。

技能训练

根据任务 5.2 中的父类图（见图 5.10），通过继承父类 OPR，创建商品信息操作类 ProductOPR1.java，实现商品信息的增、查、删、改功能。

任务 5.3 实现会员信息管理的接口模式

任务目标

1. 理解接口的概念及其实现方式。
2. 理解面向接口编程。
3. 能运用接口进一步优化程序，实现会员信息的增、查、删、改。

任务分析

在任务 5.2 中使用继承创建父类 OPR，定义共同的属性和方法，在子类中分别实现各自的具体方法。从代码中不难发现，父类中的 add()方法在子类的实现是相同的，不需要重写，但是 delete()、update()、query()、getById()这些方法会根据不同的数据类型有不同的实现过程，不能在父类中统一定义。因此父类中的这些方法体为空，仍不是一种合理优化的结构，本任务引入接口的概念来解决这一问题。

实现过程

1. 会员操作接口 DAO.java 的定义

Java 中的接口是一些方法的声明，接口中只有方法特征，没有方法的实现。因此接口中的方法可以在不同地方被不同类实现，而这些实现可以具有不同的行为或者功能。既然接口中并不定义具体的实现过程，那么为什么要使用接口呢？接口把方法和属性分隔开来，接口常常代表一个职位，包装了这个职位所具有的权利（即方法）以及行使权利涉及的资源（属性）。一个职位可以由不同的人员来担任，这些人员除了担任同一职位以外，并不要求存在其他共同之处。

将系统中各个模块的共有功能，如增、删、查、改方法定义在接口 DAO 中，接口的关键字为 interface。

```
1   public interface DAO {
2       public void update(Object o);
3       public void delete(int oId);
4       public LinkedList query(String field,String key);
5       public Object getById(int oId);
6   }
```

2. 接口的实现

接口的方法定义好，则需要创建类实现接口中的方法。实现接口的关键字为 implements。创建 MemberDaoImpl.java，继承 OPR 类并且实现 DAO 接口，如图 5.17 所示，具体方法的实现参见 5.2 中方法的实现。

图 5.17　创建 DAO 接口的实现类

```
1   public class MemberDAOImpl1 extends OPR implements DAO {
2       public MemberDAOImpl1(LinkedList list) {
3           super(list);
4       }
5
6       @Override
7       public void update(Object o) {
8           for(Object item : list){
9               if(((Member) item).getmId() == ((Member) o).getmId()){
10                  list.remove(item);
11                  list.add(o);
12                  break;
13              }
14          }
15      }
16
17      @Override
18      public void delete(int oId) {
19          for(Object o : list){
20              Member m = (Member) o;
21              if(m.getmId() == oId){
22                  list.remove(o);
```

```
23                    break;
24                }
25            }
26        }
27
28        @Override
29        public LinkedList query(String field, String key) {
30            LinkedList<Member> tempList = new LinkedList<Member>();
31            for(Object o : list){
32                Member m = (Member) o;
            if(field.equals("mName")&&m.getmName().contains(key)||field.equals("
    mCard")&&m.getmCard().contains(key)||field.equals("mIdentity")&&m.getmId
    entity().contains(key)){
33                tempList.add(m);
34            }
35
36            }
37            return tempList;
38        }
39
40        @Override
41        public Object getById(int oId) {
42            for(Member m : (LinkedList<Member>)list){
43                if(m.getmId()==oId)
44                    return m;
45            }
46            return null;
47        }
48 }
```

3. 接口实现多继承

Java 只支持单继承，不允许多重继承，即一个类只允许有一个父类。利用接口可实现多重继承，即一个类可以实现多个接口，在 implemnts 子句中用逗号分隔各个接口。接口的作用和抽象类相似，只定义方法原型，不直接定义方法的内容。

会员信息管理与商品信息管理相同的方法可以定义在 DAO 接口中，会员管理和商品管理中不同的功能可以各自定义在相应的接口中。

```
public interface MemberDAO{
    //根据会员卡号查找会员详细信息
    public Member getByCard(String cardNum);
}
```

```
public interface ProductDAO{
    //根据商品条形码查找会员详细信息
    public Product getByCode(String code);
}
public class MemberDAOImpl1 extends OPR implements DAO, MemberDAO {
......
}
```

技术要点

1. 面向接口编程

采用面向接口编程思想，程序设计只考虑实现类的功能，而不关心实现细节，只考虑面向接口的约定，而不考虑接口的具体实现。面向接口编程方式的实现步骤如下。

第一步：抽象出 Java 接口。

将系统各对象之间的共同点抽象成 Java 接口。

第二步：实现 Java 接口。

定义类实现 Java 接口，将对象相同的功能定义为接口的方法，然后使用类实现接口并实现其对应的方法。

第三步：使用 Java 接口。

使用接口作为方法的参数，这样方法可以接受任何实现了该接口的对象。

2. 接口的定义与实现

Java 中的接口是一系列方法的声明，是一些方法特征的集合，一个接口只有方法的声明，没有方法的实现。Java 只支持单继承，不允许多重继承。利用接口可实现多重继承，即一个类可以实现多个接口。因此将会员信息管理与商品信息管理中的相同方法抽象出来定义 DAO 接口。

分别将会员管理和商品管理中各自内部共性的功能再抽象出，定义成对应的接口 ProductDAO 和 MemberDAO。创建会员接口实现类 ProductDAOImpl 与商品接口实现类 MemberDAOImpl，然后分别实现会员信息和商品信息的增、删、改、查功能。

拓展学习

5.3.1 接口

接口就是一个合约，只包含方法的定义，它把类中的属性与方法分开定义，实现了方法的统一规范。定义一个接口实际是编写一个合约，该合约规定了用来实现该接口的类能够做什么，能够充当什么样的角色。而接口中并没有功能的具体实现，具体实现由签了合约的类自己完成，但实现时必须满足接口中的要求。接口具有继承性，定义一个接口时，可以通过 extends 关键字声明，该新接口是某个已经存在的父接口的派生接口，它将继承父接口的所有属性和方法。与类的继承不同的是，一个接口可以有一个以上的父接口，它们之间用逗号分隔，形成父接口列表。新接口将继承所有父接口中的属性和方法。由于接口中的方法都是抽象方法，所以接口定义完成后，必须在某个类中对这个接口的方法进行具体化，即在这个类中重新定义接口的所有方法，这时的方法就不能是抽象的了，我们称这个过程为某个类实现了某个接口。从类的实现中抽取出一个或者若干方法，将它们抽象成方法声明，即只有方法头。这样的抽象称为接口，用 interface 修饰。

Java 接口是定义一个抽象类的协议，揭示一组对象的编程接口，而不是描述类的实际行为，它不考虑接口的具体实现。由此可见，Java 接口比抽象类更为抽象化。由于 Java 中的接口是一系列方法的声明，是一些方法特征的集合。因此，接口的方法只能是抽象的（abstract）和公开的（public），不能有构造方法，可以有 public、static、final 属性。每个实现类只需关注自己对应接口方法的具体实现，不需要知道其他类是如何实现接口方法的。由此可见，实现接口的抽象方法，对于各个实现接口的类而言，是相互独立的行为，彼此互不依赖，互不干扰。

Java 不支持多重继承，只支持单一继承，即子类只能有一个超类，而接口的作用就是实现多重继承，一个类可实现多个接口。因此，在需要多重继承的情况时，可以通过接口来实现。

1．接口的定义

定义接口的语法格式如下。

```
public   interface   myinterface   [extends 父接口名] {

        /*Java 接口不能有构造方法，可以有 public、static 和 final 属性*/

        /* Java 接口的方法只能是抽象的和公开的*/

    ……

    }
```

说明：

（1）关键字 interface 表示接口的定义，前面的 public 是访问控制符，public 表示它可以被不同包中的类或接口使用。

（2）接口中的属性是常量，修饰符为 public static final。

（3）接口中的方法都是抽象方法，不能有实现体；修饰符只能为 public abstract。

（4）可选项[extends 父接口名]代表接口可以继承自多个父接口，这是与类的继承不同的地方，子类只能有一个父类，而接口可以继承自多个父接口，父接口之间用逗号分隔开。如果子接口中定义了与父接口相同的常量或方法，则父接口中的常量被隐藏，方法被重写。

2．接口的实现

一个类要实现某个接口，就必须在定义类时用关键字 implements 来声明。实现的接口语法格式如下。

```
    class   类名   implements   接口名表 {

    ……

    }
```

实现接口应该注意以下几点。

（1）一个类能实现多个接口，多个接口名之间用逗号隔开。一个接口可以被多个类实现。

（2）一个类声明实现某个接口后，必须实现该接口的全部方法（包括该接口所有父类的方法)，被实现的方法必须和接口定义的方法有相同的方法名、返回值和形参表，否则系统会认为没有完成实现方法的任务。

（3）被实现的方法的访问控制符必须显式使用 public 修饰，接口的方法都是 public 的。

例如，大学生（Academician）一天的活动日程为：上午的活动安排是上课，下午的活动安排是听讲座，晚上的活动安排是上自习；教授（Proffessor）一天的活动日程为：上午的活动安排是讲课，下午的活动安排是科研，晚上的活动安排是写论文；家庭主妇（Housewife）一天的活动日程为：上午的活动安排是购物，下午的活动安排是做家务，晚上的活动安排是看电视。可以将三者共性的问题抽象出一个名为 IScheduleAllDay（日程安排）的接口，该接口包含 3 个抽象方法：上午的活动、下午的活动和晚上的活动。

```java
public interface IScheduleAllDay {
    public abstract  void setMorning();
    public abstract  void setAfternoon()
    public abstract  void setEvening()
}
```

【例 5-12】定义计算机主板上一个 PCI 接口，声卡、网卡、显卡分别实现这个接口。

定义一个 PCI 接口，这是 Java 接口，相当于主板 PCI 插槽的规范。这个 Java 接口是一些方法特征的集合，但没有方法的实现。

```java
public interface PCI {
    public void start();
    public void stop();
}
```

每种卡的内部结构都不相同，可以把声卡、网卡、显卡都插在 PCI 插槽上，而不用担心哪个插槽是专门插哪个卡的。实现同一个接口，使用不同的实例而执行不同操作即可。

```java
// SoundCard类, 实现接口 PCI
class SoundCard implements PCI {
    public void start()  {
        System.out.println("Du du...");
    }
    public void stop()  {
        System.out.println("Sound stop!");
    }
}

// NetworkCard类, 实现 PCI 接口
class NetworkCard implements PCI {
    public void start()  {
        System.out.println("Send...");
```

```
    }
    public void stop()  {
        System.out.println("Network stop!");
    }
  }
//主类分别实现了声卡和网卡对象
public class Assembler {
    public static void main(String[] args) {
        PCI nc = new NetworkCard();
        PCI sc = new SoundCard();
        nc.start();
        sc.start();
    }
}
```

从上面的例子中可以看到，声卡和网卡实现了 PCI 接口，在 main 方法中，使用 Java 接口标识类型，声明 PCI 引用 nc 并将其指向 NetworkCard 类的对象，声明 PCI 引用 sc 并将其指向 SoundCard 类的对象。运行时，根据实际创建的对象类型调用相应的方法实现，这样就实现了多态。通过 Java 接口同样也可以享受到多态性的好处，大大提高了程序的可扩展性及可维护性。

【例 5-13】定义一个接口 Introduceable，教师类 Teacher 和学校类 School 分别实现这个接口。

```
public interface Introduceable{
    public String info();
}


public class Teacher implements Introduceable{
    public String info(){
        return "我是教师";
    }
}


public class School implements Introduceable{
    public String info(){
        return "这里是学校";
    }
}
```

3. 接口的回调

回调是一种常见的程序设计模式，可以把使用某一接口的实现类创建的对象引用赋给该接口声明的接口变量，那么该接口变量就可以调用由类实现的接口的方法。实际上，当接口变量调用由类实现的接口中的方法时，就是通知相应的对象调用接口的方法，这一过程称为对象功能的接口回调。

【例 5-14】接口的回调。例如，打印机可以打印教师信息，也可以打印学校信息，打印信息的实现过程是固定的，具体打印的内容可以开放给开发人员编写。

```java
1    public class MyPrinter {
2      Introduceable intro;
3      public void regListener(Introduceable intro){
4          this.intro = intro;
5        }
6
7      public void print(){
8          System.out.println(intro.info());
9        }
10
11    public static void main(String[] args) {
12      MyPrinter mp = new MyPrinter();
13      System.out.println("打印教师信息: ");
14      mp.regListener(new Teacher());
15      mp.print();
16      System.out.println("打印学校信息: ");
17      mp.regListener(new School());
18      mp.print();
19      }
20    }
```

教师类和学校类不属于同一个父类，但是由于具有共同的方法 info，而实现了同一个接口 introduceble，从而建立了一定的联系。打印机无须关心要打印什么样的内容，只要实现了 Introduceable 接口，就可以直接传入进行打印，这样继续扩展学生类、教师类等，可以通过实现接口的形式，由打印机打印其基本信息。

4．常量

常量是一种标识符，它的值在运行期间恒定不变。常量标识符在程序中只能被引用，不能被重新赋值。在接口中的常量属性只能声明为 public static final 类型。

我们知道圆周率是 3.14159265358979323846，如果将 ang 角度转换成弧度，则描述方法如下。

```java
public static double toRadians(double ang) {
    return ang / 180.0 * 3.14159265358979323846;
}
```

在上述代码中直接写数值 3.14159265358979323846 这种描述方法，其一不利于用户理解数字的含义；其二若该数值在程序中多处地方使用，如果需要修改时，则即麻烦又易出错，这样造成程序的可读性和可维护性变差。因此，尽量将程序中多次出现的数字或字符串使用含义直观的常量来表示，代码如下。

```
public static final double PI = 3.14159265358979323846;   // 圆周率
 public static double toRadians(double ang) {
        return ang / 180.0 * PI;
 }
```

这样，使用 public static final 修饰符定义的常量，可以增强程序的可读性和可维护性。

在 Java 接口中声明的变量在编译时会自动加上 static final 修饰符，即声明为常量，因而 Java 接口通常存放常量的最佳地点。例如：

```
public class Student {
   int FEMALE = 1;    //代表女性
   int MALE = 2;        //代表男性
   private int sex;                     //性别
   public void setSex(int sex) {
      if(sex==FEMALE)
       System.out.println("这是一名女生");
      else if(sex == MALE)
       System.out.println("这是一名男生");
      this.sex = sex;
   }
}
```

程序中的 FEMALE、MALE 变量在编译时，系统会自动加上 static final 修饰符，显示是接口中的常量。

```
    public static final int FEMALE = 1;     //代表女性
    public static final int MALE = 2;        //代表男性
```

5.3.2　接口与抽象类的比较

接口与抽象类是 Java 语言中支持抽象类定义的两种机制，它们看起来好像有很大的相似性，都有抽象方法，都不能实例化，实际上两者之间还是有很大区别的。首先它们在语法上就有很大的区别，如表 5-9 所示。

表 5-9　接口与抽象类语法上的区别

对比项	接口	抽象类
声明	interface	abstract　class
成员变量	没有变量，只有公共常量（公有的、最终的、静态的）	可有任意访问类型的变量

对比项	接口	抽象类
方法	所有接口中的方法均隐含为公用的和抽象的，即使不显式修饰，编译器也会自动添加，接口中不能有非抽象方法，其方法一定不能是静态的、最终的或非共有的，不能有构造方法	编译器不会为抽象类中的方法自动添加任何修饰符，这完全取决于开发人员，可以有抽象方法，也可以没有抽象方法，只要有一个方法是抽象的，该类就一定是抽象类，该方法不能为最终的、静态的或私有的。可以有构造方法
继承	接口只能继承自接口，接口不能实现任何方法	抽象类只能继承一个父类，可以实现多个接口，可以选择性地设计父类或父接口中的抽象方法
多态	接口类型的引用可以指向任何实现自该接口或实现自该接口的子接口的类，通过接口引用可以访问其指向的对象中实现自接口的方法	抽象类的引用可以指向其子类的对象，通过该引用可以访问子类中继承自该抽象类的所有属性和方法

抽象类和接口在具体使用上也有很大的不同，抽象类注重其是什么及其本质，抽象类在代码实现方面发挥作用，可以实现代码的重用。而接口更注重其具有什么样的功能及其充当什么样的角色，更多是在系统框架设计方面发挥作用，主要定义模块之间的通信。

技能训练

根据图 5.18，分析与设计系统管理人员管理模块功能。

图 5.18　系统管理人员管理模块功能

课后作业

一、思考题

1. 什么是集合框架？

2. 什么是抽象类？抽象类与接口有什么区别？

3. 什么是 Java 接口？在 Java 中定义接口使用什么关键字？为什么定义接口？

4. 接口中的方法有什么特点？一个类是否可以实现多个接口？

5. 简述继承与接口的差别以及它们各自的作用。

6. 举例说明继承、隐藏和覆盖原则。

7. 面向接口编程与面向对象编程有什么关系？

二、上机操作题

1.定义交通工具接口 Traffic，其有一个计算成本的方法 computeCost()，如图 5.19 所示。

图 5.19　接口类与初始界面

接口的实现类包括：飞机（Plain）、火车（Train）、汽车（Truck）。

飞机：如果距离大于 500km，成本为每千米每吨 750 元，否则不运输（返回-1）。

火车：900km 内的成本为每千米每吨 250 元，大于 900 千米，则为 300 每千米每吨。

汽车：60 吨以内的成本为每千米每吨 120 元，否则不运输（返回-1）。

分别计算飞机、火车、汽车的运输成本。

2. 使用继承创建一个父类银行卡类，具有取款和存款的功能。银行卡分借记卡和信用卡两种。

银行卡类：两个属性，name（姓名）,balance（余额）。借记卡类（利率）：利率 0.04 。

信用卡类：overDarft（可透支金额），构造两个方法，接收 3 个参数，初始化所有 3 个成员。如果提取时，amount 小于 balance，则交易继续进行。如果提取时，amount 大于 balance，且大于 balance 和 overDarft 之和，则取消交易。

如果提取时，amount 大于 balance，且小于 balance 和 overDarft 之和，则 balance 为 0，overDraft 的值应该足够支付 balance 和 amount 之差。

显示结果如下。

储存账户详细信息：　　　　　信用账户详细信息：

John 初始化余额为：500.0　　Stephen 初始化余额为：200.0

存款：200.0　　　　　　　　　　存款：200.0

取款：200.0　　　　　　　　　　可透支金额：200.0

John 交易后余额为：500.0　　　取款：500.0

　　　　　　　　　　　　　　　　透支前金额：100.0

　　　　　　　　　　　　　　　　Stephen 交易后余额为：0.0

3. 创建一个接口 IShape，接口中有一个求面积的抽象方法 public double area()。定义一个正方形类 Square，该类实现了 IShape 接口。Square 类中有一个属性表示正方形的边长；在构造方法中初始化该边长。定义一个主类，在主类中创建 Square 类的实例对象，求该正方形的面积。

PART 6

项目六
项目综合高级开发

学习目标

- 最终目标:
  - ✧ 能运用异常处理、批处理及事务处理机制实现 Java 的高级开发,以及超市购物结算、购物发票打印以及退货功能。
- 促成目标:
  - ✧ 掌握 Java 异常处理机制。
  - ✧ 熟悉 JDBC 批处理处理数据机制。
  - ✧ 熟悉 JDBC 事务处理机制。
  - ✧ 能使用 Java 异常处理机制实现程序容错功能。

工作任务

任务	任务描述
6.1 购物结算异常处理	收银员结账时需要输入会员卡号、商品条形码以及购买商品的数量,如果误输入不匹配的内容,就会导致数据类型不匹配,如果忘记输入其中一项或几项,就会导致结账时出错等,使用异常处理机制对系统进行改进

任务 6.1 购物结算异常处理

任务目标

1. 熟悉 Java 异常处理机制。
2. 熟悉异常的概念。
3. 能使用 Java 异常处理机制,对输入信息设置异常处理机制。

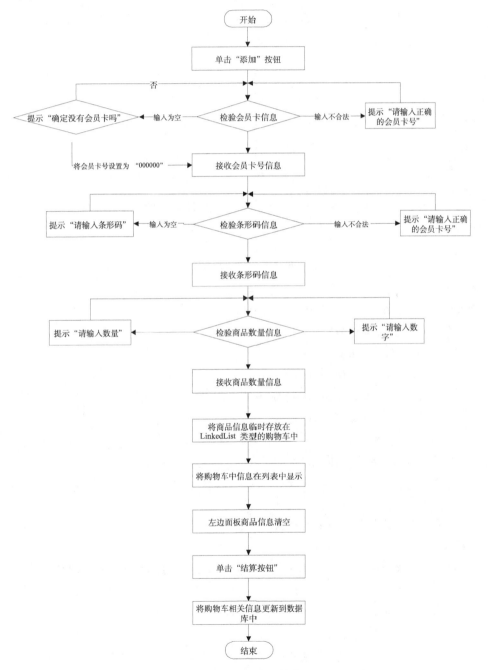

任务分析

　　收银员结算功能，首先需要输入顾客的会员卡号，以便计算会员积分及优惠活动，输入商品的条形码，以获取商品的商品名称、商品价格、促销价格、库存商品数量，并添加到临时计算存储空间，当商品添加结束确认购买后，更新库存表的商品库存量和用户基本信息表的用户积分两项信息。具体处理流程如图 6.1 所示。

图 6.1　购物结算详细设计流程图

1. 设计购物结算界面

界面分为 3 部分：会员信息、商品信息、购物列表。具体界面如图 6.2 所示。

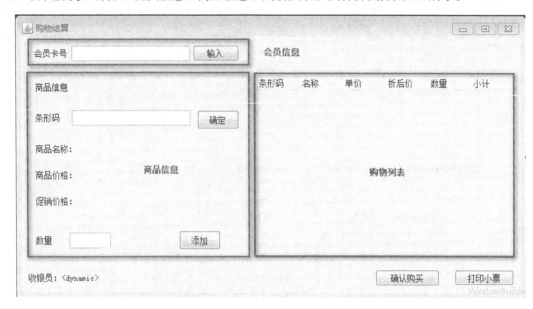

图 6.2　购物结算界面

2. 会员信息

输入会员卡号，根据会员卡号查询会员信息。

（1）会员接口 MemberDAO。

```
1   public interface MemberDAO {
2       public int add(Member m);
3       public int update(Member m);
4       public int delete(int mId);
5       public Member getById(int mId);
6       //根据会员卡号查找会员信息
7       public Member getMemberByCard(String cardNum);
8   }
```

（2）会员接口实现操作类 MemberDAOImpl。继承自 DaoImpl，并实现 MemberDAO 接口，根据会员卡号查询会员的详细信息。

```
1   public class MemberDAOImpl extends DaoImpl implements MemberDAO {
2       @Override
3       public Member getMemberByCard(String cardNum) {
4           Member m = null;
5           sql = "select * from member_info where m_card='"+cardNum+"'";
6           psmt = getPsmt();
```

242

```
7           rs = getRs();
8           try {
9               if(rs.next()){
10                  m = new Member();
11                  m.setmBirth(rs.getDate("m_birth"));
12                  m.setmCard(rs.getString("m_card"));
13                  m.setmId(rs.getInt("m_id"));
14                  m.setmIdentity(rs.getString("m_identity"));
15                  m.setmName(rs.getString("m_name"));
16                  m.setmPoint(rs.getInt("m_point"));
17                  m.setmRegDate(rs.getDate("m_regDate"));
18                  m.setmSex(rs.getString("m_sex"));
19                  m.setmTel(rs.getString("m_tel"));
20              }
21          } catch (SQLException e) {
22              System.out.print("根据ID查看会员信息: ");
23              e.printStackTrace();
24          }
25          return m;
26      }
27 }
```

（3）事件处理。

输入商品条形码，单击"确定"按钮，调用后台数据库方法，如果输入为空或不合法，则弹出提示信息。

```
1   //根据条形码查询商品信息
2   JButton searchBtn = new JButton("确定");
3   searchBtn.addActionListener(new ActionListener() {
4   public void actionPerformed(ActionEvent e) {
5       String pCode = txt_productCode.getText();
6       if(pCode==null||pCode.length()==0){
7       //弹出提示框
8       JOptionPane.showMessageDialog(null, "条形码不能为空");
9       }else{
10          p = pdi.getByCode(pCode);
11          pName.setText( "商品名称: "+p.getPName());
12          pPrice.setText("商品价格: "+p.getPPrice());
13          salePrice.setText("促销让利: -"+p.getPSalePrice());
14      }
15  }
```

```
16  });
```

3．商品信息

输入条形码，根据条形码查询商品的详细信息。

（1）商品接口 ProductDAO。

```
1   public interface ProductDAO{
2       public int add(Product p);
3       public int update(Product p);
4       public int delete(int pId);
5       public Product getById(int pId);
6       public Product getByCode(String pCode);//根据条形码查找商品信息
7   }
```

（2）商品接口实现操作类 ProductDAOImpl。继承自 DaoImpl，并实现 ProductDAO 接口，根据商品条形码查询商品的详细信息。

```
1   public class ProductDAOImpl extends DaoImpl implements ProductDAO {
2   //其余方法省略
3     @Override
4   public Product getByCode(String pCode) {
5   sql = "select * from product_info where p_code='"+pCode+"'";
6   Product p = null;
7   psmt = getPsmt();
8   rs = getRs();
9   try {
10  if(rs.next()){
11    p = new Product();
12    p.setPId(rs.getInt("p_id"));
13    p.setPCode(rs.getString("p_code"));
14    p.setPIsSale(rs.getBoolean("p_isSale"));
15    p.setPName(rs.getString("p_name"));
16    p.setPNum(rs.getInt("p_num"));
17    p.setPPrice(rs.getDouble("p_price"));
18    p.setPSalePrice(rs.getDouble("p_salePrice"));
19    p.setPType(rs.getString("p_type"));
20    p.setpImg(rs.getString("p_img"));
21    }
22  } catch (SQLException e) {
23    System.out.print("根据ID查看商品信息: ");
24    e.printStackTrace();
25  }
26  return p;
```

```
27    }
28  }
```

代码第 9 ~ 第 25 行中的 try...catch 部分是基本的异常捕捉、处理的关键代码，这些代码在前面的数据库访问内容中已经使用过，相信读者不会感觉陌生，在本章将着重讲解异常处理机制的应用。

（3）事件处理。

输入商品条形码，单击"确定"按钮，调用后台数据库方法，如果输入为空或不合法，则弹出提示信息。

```
1   //根据条形码查询商品信息
2   JButton searchBtn = new JButton("确定");
3   searchBtn.addActionListener(new ActionListener() {
4       public void actionPerformed(ActionEvent e) {
5           String pCode = txt_productCode.getText();
6           if(pCode==null||pCode.length()==0){
7           //弹出提示框
8           JOptionPane.showMessageDialog(null, "条形码不能为空");
9           }else{
10              p = pdi.getByCode(pCode);
11              pName.setText( "商品名称: "+p.getPName());
12              pPrice.setText("商品价格: "+p.getPPrice());
13              salePrice.setText("促销让利: -"+p.getPSalePrice());
14          }
15      }
16  });
```

4．商品添加

选择好商品后，输入商品数量，单击"添加"按钮，将商品添加至临时商品列表中。如果输入数量为空，则提示"不能为空"，若输入数量不为数字，则提示"数量只能为数字"。

具体代码如下。

```
1   //添加购物买的商品
2   addBuyProductBnt = new JButton("添加");
3   addBuyProductBnt.addActionListener(new ActionListener() {
4     public void actionPerformed(ActionEvent e) {
5       try{
6           int count = Integer.parseInt(txt_count.getText());
7           double discount = p.getPPrice()-p.getPSalePrice();
8           double subtotal = discount*count;
9           String
    row[]={p.getPCode(),p.getPName(),""+p.getPPrice(),""+discount,txt_count.
    getText(),""+subtotal};
```

```
10              itemList.add(row);
11              genTable();
12              txt_productCode.setText("");
13              pName.setText("商品名称： ");
14              pPrice.setText("商品价格： ");
15              salePrice.setText("促销价格： ");
16              txt_count.setText("");
17              }catch(NumberFormatException ex)
18              {
19          if(txt_count.getText()==null|| txt_count.getText().length()==0){
20              JOptionPane.showMessageDialog(null, "数量不能为空");
21          }else
22                  JOptionPane.showMessageDialog(null, "数量只能输入数字");
23              }
24          }
25  });
```

代码讲解。

● 第 6 ~ 第 9 行：将商品信息组合成一个字符串数组 row。

● 第 10 行：将这个字符串数组添加至全局变量 iemList 中。

● 第 11 行：更新表格数据显示。

● 第 17 ~ 第 23 行：对商品数量可能发生的异常，如空值或非数字异常，进行处理，并对用户进行提示。

5. 确认购买

（1）购物接口 ShoppingDAO。

```
1  public interface ShoppingDAO {
2      public int sellProducts(LinkedList<String[]> itemList,String
   customCard);
3      public int retakeProducts(String pCode,int num,double price,String
   customCard);
4  }
```

（2）购物接口实现类 ShoppingDAOImpl。

```
1  public class ShoppingDAOImpl extends DaoImpl implements ShoppingDAO {
2      public ShoppingDAOImpl() {
3          super();
4          try {
5              con.setAutoCommit(false);
6          } catch (SQLException e) {
7              e.printStackTrace();
8          }
```

```java
9          }
10     @Override
11     public int sellProducts(LinkedList<String[]> itemList, String
   customCard) {
12         int row = 0;
13         double total = 0;
14         try {
15             // 修改商品数量
16             for (String[] item : itemList) {
17                 sql = "update product_info set p_num=(p_num-" + item[4]+ ") where
   p_code='" + item[0] + "'";
18                 psmt = getPsmt();
19                 row = psmt.executeUpdate();
20                 if (row < 0) {
21                     con.rollback();
22                 }
23                 total += Double.parseDouble(item[5]);
24             }
25             // 修改会员积分
26             sql = "update member_info set m_point=m_point+" + (int) total+
   " where m_card='" + customCard + "'";
27             psmt = getPsmt();
28             row = psmt.executeUpdate();
29             if (row > 0) {
30                 con.commit();
31             }
32         } catch (SQLException e1) {
33             try {
34                 con.rollback();
35             } catch (SQLException e) {
36                 e.printStackTrace();
37             }
38             System.out.print("购物结算: ");
39             e1.printStackTrace();
40         }
41         return row;
42     }
43 }
```

代码讲解。

● 第 16～第 24 行：将商品信息从 itemList 中循环取出，根据商品 ID 修改商品信息表的库存字段，其中第 20～第 22 行表示如果其中一条信息更新有误，则事件回滚，之前已经进行的更新操作全部撤销，即要么全部执行成功，要么一条也不执行。

● 第 26～第 31 行：更新商品表后，根据会员卡号更新会员信息表中的会员积分字段。

● 第 32～第 40 行：如果在更新商品表或者会员表期间出现异常，捕捉异常后进行处理，之前所做的所有操作全部撤销。

技术要点

1．Java 异常处理

异常（exception）又称为例外，是指在程序运行过程中发生的非正常事件，这些事件的发生会影响程序的正常执行，中断正在运行的程序。异常处理机制就像人平时遇到一些自己始料不及的事情时，预先想好了一些处理的办法。为了加强程序的健壮性，设计程序时，必须充分考虑错误发生的可能性，并建立相应的处理机制。

对输入会员卡、商品条形码、购买商品的数量，以及误输入不匹配的内容导致数据类型不匹配，或者忘记输入其中一项或几项导致结账时出错这几个方面编写异常处理程序，对其中发生的错误情况进行判断，调用不同的异常处理程序，做出相应的处理。

2．Java 中的事务处理

在数据库操作中，一项事务是指由一条或多条对数据库更新的 SQL 语句组成的一个不可分割的工作单元。在任务中，将购物结算，顾客购物的商品、单价与数量的输入与计算，商品库存量的变化等作为一个事务来操作。只有当事务中的所有操作都正常完成了，整个事务才能被提交到数据库，如果有一项操作没有完成，就必须撤销整个事务。这样有的事务执行了，有的没有执行，从而形成事务的回滚，取消先前的操作。因此事务的操作要么执行，要么不执行。

拓展学习

6.1 异常处理

正常情况下，从家里去公司上班，一路畅通的情况开车只需要花费半小时，但有时也会碰到异常情况发生，如堵车或者发生交通事故撞车了，针对堵车采用的措施是绕行或等待，针对撞车，采用的措施是请求交警解决。无论什么语言的程序设计，错误的发生总是不可避免的。例如，在注册网站时，要求输入的年龄为数字，但输入了字符；进行数学中"无意义"的运算，如除数为 0、对负数求对数平方根等；对数组进行操作时，超出了数组的最大下标；程序需进行的 I/O 操作不能正常执行，如需要访问的文件不存在、内存耗尽无法进行类的实例化以及 JVM 崩溃等事件。为了加强程序的健壮性，设计程序，必须充分考虑错误发生的可能性，并建立相应的处理机制。

在编程过程中，首先应尽可能地避免错误和异常发生，对于不可避免、不可预测的情况，则考虑异常发生时如何处理。

6.1.1　Java 异常

1．异常与异常类

在 Java 语言中，用异常对象来表示不同的异常。Java 异常对象就是一个存放相关错误信息的对象，如果方法运行时产生了异常，该方法就可以抛出一个异常对象。

异常的对象有两个来源，一是 Java 运行时环境自动抛出的系统生成的异常，而不管用户是否愿意捕获和处理，它总要被抛出，如除数为 0 的异常；二是程序员自己用 throw 关键字抛出的异常，这个异常可以是程序员自己定义的，也可以是 Java 语言定义的，通常用来向调用者汇报异常的一些信息。在 Java 程序的执行过程中，如果出现了异常事件，就会生成一个异常对象。为了处理程序中的运行错误，Java 中引入了异常和异常类。

为了表示不同种类的异常，Java 语言定义了许多异常类，按照异常分类处理异常。不同异常有不同的分类，每种异常都对应一个类型(class)，也对应于一个异常(类的)对象。异常是针对方法而言，抛出、声明抛出、捕获和处理异常都是在方法中进行的。

异常类有两个来源，一是 Java 的类库中提供的一些常见的异常类；二是 Throwable 类的直接子类或间接子类的实例。如果这些异常类不能满足要求，用户也可以通过继承 Exception 类或者其子类定义自己的异常。Exception 类及其子类是 Throwable 的一种形式，它指出了合理应用程序想要捕获的条件。

Java 的异常类是处理运行时错误的特殊类，每一种异常类对应一种特定的运行错误。所有 Java 异常类都是 Exception 类的子类，如图 6.3 所示。

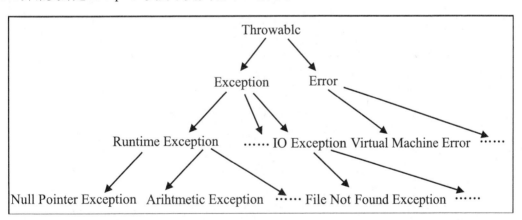

图 6.3　Java 中的异常类

Throwable 类派生了两个子类：Exception 和 Error，Error 类由系统保留，Error 类表示 Java 运行时产生的系统内部错误或资源耗尽等严重错误。Exception 类则提供给应用程序使用。

2．异常分类

Error 类一般与虚拟机相关，如动态链接失败，虚拟机出错、系统崩溃等，通常这一类错误异常无法恢复或不可能捕获，直接导致应用程序中断。Exception 类则是指那些可以捕获并能恢复的异常类，它有若干子类，每一个子类代表了一种特定的运行时错误。这些子类有些是系统事先定义好并包含在 Java 类库中的，称为系统定义的异常类。例如，RuntimeException 表示运行时异常，IOException 表示 I/O 问题引起的异常。

系统定义的异常主要用来处理系统可以预见的较常见的运行错误；对于某个应用所特有的

运行错误，需要程序员根据程序的特殊情况在程序中定义自己的异常类和异常对象。

（1）Exception 类。

① Exception 类可以分为运行时异常和受检查异常。

RuntimeException 类及其子类都为运行时异常，这种异常的特点是 Java 编译器不检查它，也就是说，当程序中可能出现这类异常时，即使没有用 try...catch 语句捕获它，没有用 throws 字句声明抛出它，也会编译通过。例如，当除数为 0 时，抛出 java.lang.ArithmeticException 异常。除了 RuntimeException 类及其子类外，其他的 Exception 类及其子类都属于受检查异常，这种异常的特点是要么用 try...catch 捕获处理，要么用 throws 语句声明抛出，否则编译不会通过。

②两者的区别。

运行时异常是指无法让程序恢复运行的异常，导致这种异常的原因通常是由于执行了错误的操作。一旦出现错误，就建议程序终止。受检查异常是指程序可以处理的异常。如果抛出异常的方法本身不处理或者不能处理它，方法的调用者就必须处理该异常，否则调用会出错，连编译也无法通过。当然，这两种异常都可以通过程序来捕获并处理。例如，除数为 0 的运行时异常，代码如下。

```
1    public class HelloWorld {
2    public static void main(String[] args) {
3      System.out.println("Hello World!!!");
4      try{
5        System.out.println(1/0);
6      }catch(ArithmeticException e){
7        System.out.println("除数为 0!");
8      }
9        System.out.println("除数为零后程序没有终止啊，呵呵!!!");
10     }
11   }
```

运行结果如下。

```
Hello World!!!
除数为 0!
除数为零后程序没有终止啊，呵呵!!!
```

（2）Error 类。

Error 类及其子类表示运行时错误，通常由 Java 虚拟机抛出。JDK 中预定义了一些错误类，如 VirtualMachineError 和 OutOfMemoryError，程序本身无法修复这些错误。一般不扩展 Error 类来创建用户自定义的错误类。RuntimeException 类表示程序代码中的错误，是可扩展的，用户可以创建特定运行时异常类。

Error（运行时错误）和运行时异常的相同之处是：Java 编译器都不检查它们，只要程序运行时出现它们，程序就终止运行。

6.1.2 Java 异常处理机制

1. Java 异常处理

Java 异常处理通过 5 个关键字 try、catch、throw、throws、finally 进行管理。异常处理的一般步骤是先抛出异常，捕获异常，然后处理异常。基本过程是用 try 语句块包住要监视的语句，如果在 try 语句块内出现异常，则异常会被抛出；代码在 catch 语句块中可以捕获到这个异常并进行处理，还有部分系统生成的异常在 Java 运行时自动抛出；可以通过 throws 关键字在方法上声明该方法要抛出异常，然后在方法内部通过 throw 抛出异常对象；finally 中的语句块无论是否发生异常都被执行，而且会在方法执行 return 之前执行。

Java 中的所有异常都以类和对象的形式存在，对于可能出现异常的代码，有两种处理办法：第一种方法是捕获异常，在方法中用 try...catch 语句捕获并处理异常，catch 语句可以有多个，用来匹配多个异常。

```
1   public void method(){
2     try{
3       //程序代码
4     }catch(异常类型1 异常的变量名1){
5       //程序代码
6     }catch(异常类型2 异常的变量名2){
7       //程序代码
8     }finally{
9       //程序代码
10    }
11  }
```

第二种方法是声明抛出异常，对于处理不了的异常或者要转型的异常，在方法声明处通过 throws 语句抛出异常。

```
1   public void test1() throws MyException{
2     ...
3     if(...){
4       throw new MyException();
5     }
6   }
```

2. 捕获异常

用 try...catch 语句捕获并处理异常，可以分为以下几种情况。

（1）try 语句块中没有产生异常的代码，代码正常运行结束，则直接执行 try/catch 后的代码段。

```
try {
    // 代码段 (此处不会产生异常)
} catch (异常类型 ex) {
    // 对异常进行处理的代码段
```

```
    }
    // 代码段
```

【例 6-1】try/catch 块捕获异常示例。

```
1    public class MyException1 {
2        public static void main(String[] args) {
3            System.out.print("请输入课程代号(1 至 3 之间的数字):");
4            Scanner in = new Scanner(System.in);
5            try {
6                    int courseCode = in.nextInt();
7                    switch (courseCode) {
8                    case 1:
9                            System.out.println("C#编程");
10                            break;
11                    case 2:
12                            System.out.println("Java 编程");
13                            break;
14                    case 3:
15                            System.out.println("SQL 基础");
16                    }
17            } catch (Exception ex) {
18                    System.out.println("输入不是数字!");
19            }
20            System.out.println("欢迎提出建议!");
21        }
22    }
```

如果从键盘输入数字 2，则控制台输出信息如下。

```
Java编程
欢迎提出建议!
```

（2）try 语句块中有产生异常的代码。

```
try {
    // 代码段 1
    // 产生异常的代码段 2
    // 代码段 3
} catch (异常类型 ex) {
    // 对异常进行处理的代码段 4
}
// 代码段 5
```

使用第二种形式捕获异常可能出现的情况如下。

① 如果 try 语句中发生异常，则产生异常对象，异常类型进入 catch 块，执行对异常处理的代码段 4，接着程序继续运行，执行 try…catch 后的代码段 5。

② 如果 try 语句中发生异常，则产生异常对象，异常类型不匹配，程序运行中断。

catch 的类型是由 Java 语言定义或程序员自己定义的，表示代码抛出异常的类型，异常的变量名表示抛出异常的对象的引用，如果 catch 捕获并匹配了该异常，就可以直接用这个异常变量名，此时该异常变量名指向所匹配的异常，并且可以在 catch 代码块中直接引用。因为异常是一种特殊的对象，类型为 java.lang.Exception 或其子类，所以可以用 printStackTrace 的堆栈跟踪功能显示程序运行到当前类的执行流程。修改例 6-1 的程序，在第 18 行添加 ex.printStackTrace；语句见例 6-2。

【例 6-2】try…catch 块捕获异常示例 2。

```java
import java.util.Scanner;
public class MyException2 {
    public static void main(String[] args) {
        System.out.print("请输入课程代号(1至3之间的数字):");
        Scanner in = new Scanner(System.in);
        try {
                int courseCode = in.nextInt();
                switch (courseCode) {
                case 1:
                    System.out.println("C#编程");
                    break;
                case 2:
                    System.out.println("Java编程");
                    break;
                case 3:
                    System.out.println("SQL基础");
                }
        } catch (Exception ex) {
            System.out.println("输入不是数字!");
            ex.printStackTrace();
        }
        System.out.println("欢迎提出建议!");
    }
}
```

程序运行结果如图 6.4 所示。

```
<terminated> MyException2 [Java Application] C:\Program Files\Java\jre1.7.0
请输入课程代号(1至3之间的数字):
b
输入不是数字!
欢迎提出建议!
java.util.InputMismatchException
        at java.util.Scanner.throwFor(Unknown Source)
        at java.util.Scanner.next(Unknown Source)
        at java.util.Scanner.nextInt(Unknown Source)
        at java.util.Scanner.nextInt(Unknown Source)
        at phrase5.MyException2.main(MyException2.java:10)
```

图 6.4　MyException2.java

从运行结果可以看到异常堆栈信息，java.util.InputMismatchException 是异常类型，在 throwFor(Unknown Source)方法中抛出异常。异常类型为 NullPointerException 时，由于异常不匹配，程序中断运行。

在 try…catch 块后加入 finally 块，可以确保无论是否发生异常，finally 块中的代码都能执行。由于一段代码可能会引发多种类型的异常，所以可以采用多重 catch 块解决这个问题。当 try 语句块抛出一个异常对象 e 时，程序流程会按顺序来查看每个 catch 语句与其异常是否匹配，首先转向第一个 catch 语句块，若与抛出异常类型匹配，则直接跳转到这个 catch 语句中，执行语句块完毕后，忽略 try 语句块中尚未执行的语句和其他 catch 块，直接执行之后的语句；如果 e 与第一个 catch 语句块不匹配，系统自动转向第二个 catch 语句块进行匹配，如果第二仍不匹配，就转向第三个，……直到找到一个可以接受 e 的 catch 语句块，完成程序流程的跳转。则形式如下。

```
public void method(){
try {
    // 代码段
    // 产生异常(异常类型2)
} catch (异常类型1 ex) {
    // 对异常进行处理的代码段
} catch (异常类型2 ex) {
    // 对异常进行处理的代码段
} catch (异常类型3 ex) {
    // 对异常进行处理的代码段
}
// 代码段
}
```

用不同的 catch 块分别处理不同的异常对象，要求 catch 块能够区别不同的异常对象。在安排 catch 语句的顺序时，首先应该捕获最特殊的异常，然后再逐渐一般化，即先子类后父类。

【例 6-3】多重 catch 块捕获异常示例。

```
1   public class MyException3 {
2     public static void main(String[] args) {
```

```
3       Scanner in = new Scanner(System.in);
4       try{
5           System.out.print("请输入 S1 的总学时：");
6           int totalTime = in.nextInt();            //总学时
7           System.out.print("请输入 S1 的课程数目：");
8            int totalCourse = in.nextInt();          //课程数目
9           System.out.println("S1 各课程的平均学时为：" + totalTime /
    totalCourse);
10          } catch (InputMismatchException e1) {
11              System.out.println("输入不为数字!");
12          } catch (ArithmeticException e2) {
13              System.out.println("课程数目不能为零!");
14          } catch (Exception e) {
15              System.out.println("发生错误:"+e.getMessage());
16          }
17      }
18  }
```

如果每个方法都是简单的抛出异常，那么在方法调用的多层嵌套调用中，Java 虚拟机会从出现异常的方法代码块中往回找，直到找到处理该异常的代码块为止。然后将异常交给相应的catch 语句处理。若 Java 虚拟机追溯到方法调用栈最底部 main()方法仍然没有找到处理异常的代码块，则按照下面的步骤处理。

① 调用异常对象的 printStackTrace()方法，打印方法调用栈的异常信息。

② 如果出现异常的线程为主线程，则整个程序运行终止;如果非主线程，则终止该线程，其他线程继续运行。

3．抛出异常

Java 程序在运行时，如果发生了一个可识别的错误，则系统产生一个与该错误相对应的异常类的对象，这个过程称为抛出异常。用户自定义的异常必须借助于 throw 语句来抛出，说明哪种情况产生了这种错误，并抛出该异常类的新对象。用 throw 语句抛出异常对象的语法格式如下。

```
修饰符 返回类型 方法名（参数列表） throws 异常类名列表

{    ……

    throw  异常类名;

    ……

}
```

使用 throw 语句抛出异常需注意以下事项。

（1）通常在一定条件下才会抛出异常，应把 throw 语句放在 if 语句中，只有当 if 条件满足、用户定义的逻辑错误发生时，才执行。

（2）含有 throw 语句的方法，应该在方法头中增加如下部分：

```
throws  异常类名列表
```

throws 用于声明一个方法可能引发的所有异常。这些异常要求调用该方法的程序进行处理。例 6-4 用 throws 声明方法可能抛出自定义的异常，根据某种条件用 throw 语句在适当的地方抛出自定义的异常。

【例 6-4】throw 语句抛出异常示例。

```
1    class Teacher {
2        private String id;        // 教师编号，长度应为7
3        public void setId(String pId) throws IllegalArgumentException{
4        // 判断教师编号的长度是否为7
5          if (pId.length() == 7) {
6              id = pId;
7          } else {
8               throw new IllegalArgumentException("参数长度应为7! ");
9          }
10     }
11  }

12  public class TeacherTest {
13    public static void main(String[] args) {
14      Teacher teacher = new Teacher();
15      try {
16           teacher.setId("088");
17        } catch (IllegalArgumentException ex) {
18               System.out.println(ex.getMessage());
19        }
20    }
21  }
```

当前环境 Teacher 类无法解决参数问题，因此通过抛出异常，把问题交给调用者去解决。在 TeacherTest 类中，调用者捕获异常通过 getMessage 方法获得异常信息。getMessage()是 Throwable 类提供的方法，用来得到有关异常事件的信息，Throwable 类还提供了 printStackTrace( )方法用来跟踪异常事件发生时执行堆栈的内容。

4．使用异常处理的准则

（1）对于运行时异常，不要用 try…catch 来捕获处理，而是在程序开发调试阶段尽量避免这种异常，一旦发现该异常，正确的做法是改进程序设计的代码和实现方式，修改程序中的错误，从而避免这种异常。捕获并处理运行时异常是好的解决办法，因为可以通过改进代码实现来避免这种异常的发生。

（2）对于受检查异常，应当按照异常处理的方法进行处理，要么用 try…catch 捕获并解决，要么用 throws 抛出。

（3）对于 Error（运行时错误），不需要在程序中做任何处理，出现问题后，应该在程序外的地方找问题，然后解决。

6.2 JDBC 数据库编程

6.2.1 JDBC API 概述

1. 概述

JDBC（Java data base connectivity,Java 数据库连接）是一种用于执行 SQL 语句的 Java API（应用程序编程接口），可以为多种关系数据库提供统一访问，它由一组用 Java 语言编写的类和接口组成。JDBC API 定义了一系列 Java 类，用来表示数据库连接、SQL 语句、结果集、数据库元数据等，使 Java 编程人员可以发送 SQL 语句和处理返回结果。JDBC API 由一个驱动程序管理器实现对连接到不同数据库的多个驱动程序的管理。Java 应用程序通过 JDBC API 界面访问 JDBC 管理器，JDBC 管理器通过 JDBC 驱动程序 API 访问不同的 JDBC 驱动程序，从而实现对不同数据库的访问。JDBC API 定义了一系列抽象 Java 界面，可以使应用程序连接到指定的数据库，执行 SQL 语句和处理返回结果。当前 JDBC API 中包括了 java.sql 包和 javax.sql 包。java.sql 包为 Java 语言访问和处理存储数据源的数据提供了应用接口,javax.sql 包为服务器端的数据源访问和处理提供了应用接口。

2. SQL

结构化查询语言(structured query language，SQL)可以对数据库的数据进行查询、插入、更新和删除等操作。发送 SQL 执行命令是 JDBC 的一个基本功能。对数据操作操作的 SQL 语句如下。

- ◆ SELECT：从数据库表中检索数据行和列。
- ◆ INSERT：向数据库表添加新数据行。
- ◆ DELETE：从数据库表中删除数据行。
- ◆ UPDATE：更新数据库表中的数据。

语句格式如下。

- ◆ INSERT　INTO　　数据表名　Valuse (列值)
- ◆ UPDATE　　数据表名　SET　列名=值表达式 … [where　条件表达式]
- ◆ DELETE　FROM　数据表名 [where　条件表达式]
- ◆ SELECT　*　FROM　　数据表名 [where　条件表达式]

3. JDBC 驱动程序

JDBC API 提供了两种类型的接口：支持应用程序的 JDBC API 和支持驱动程序的低级 JDBC 驱动 API。JDBC 支持以下 4 种类型的驱动程序。

- ◆ JDBC-to-ODBC 桥接驱动：JDBC-to-ODBC 桥接驱动将 Java 连接到 Microsoft ODBC 数据源上，利用 ODBC 驱动程序提供 JDBC 访问。
- ◆ JDBC 本地 API 驱动：是部分用 Java 来编写的驱动程序，这种类型的驱动程序把客户机 API 上的 JDBC 调用转换为 Oracle、Sybase、Informix、DB2 或其他 DBMS 的调用。

◆ JDBC 网络纯 Java 驱动程序：这种驱动程序将 JDBC 转换为与 DBMS 无关的网络协议，这种协议又被某个服务器转换为一种 DBMS 协议。这种网络服务器中间件能够将它的纯 Java 客户机连接到多种不同的数据库上。所用的具体协议取决于提供者。这通常是最为灵活的 JDBC 驱动程序。

◆ 本地协议纯 Java 驱动程序：这种类型的驱动程序将 JDBC 调用直接转换为 DBMS 所使用的网络协议，通过与数据库建立直接的套接字进行连接，采用具体厂商的网络协议把 JDBC API 调用转换为直接的网络调用，这种类型的驱动程序是 4 种类型驱动程序中访问数据库效率最高的，也是进行 Intranet 访问的一个实用的解决方法。

JDBC 采用调用层次的 API 来实现基于 SQL 数据库的访问，主要实现 3 方面的功能：建立数据库的连接、发送 SQL 执行语句、处理 SQL 执行结果。

6.2.2 使用 JDBC 访问数据

使用 JDBC 来访问数据库，实现对数据库的各种操作。具体步骤如下。

1．导入 JDBC 类包

利用 JDBC 访问数据库，必须导入以下几个常用的 JDBC 类和接口。

◆ java.sql.DriverManager：是驱动程序管理器，管理一组 Driver 对象，对程序中用到的驱动程序进行管理，包括加载驱动程序、获得连接对象、向数据库发送信息。

◆ java.sql.Connection：是连接 Java 数据库和 Java 应用程序之间的主要对象并创建所有的 Statement 对象。

◆ java.sql.Statement：是语句对象，代表了一个特定的容器，对一个特定的数据库执行 SQL 语句。用于执行静态 SQL 语句并返回它所生成结果的对象。

◆ java.sql.ResultSet：是用于控制对一个特定语句的行数据的存取，也就是数据库中记录或行组成的集合。

◆ java.sql.SQLException：表示处理数据库访问时的出错信息。

◆ java.sql.SQLWarning：表示处理数据库访问时的警告信息。

2．加载驱动程序

使用 Class.forName()方法加载驱动程序，语法格式如下。

```
Class.forName("驱动程序");
```

例如，如果选择加载"JDBC-ODBC 桥驱动程序"类型，此时 Class 类加载的驱动程序是 sun.jdbc.odbc.JdbcOdbcDriver，其代码是：

```
则 Class.forName("sun.jdbc.odbc.JdbcOdbcDriver");
```

如果该驱动程序不存在，则会抛出 ClassNotFoundException 异常。

3．建立数据库连接

导入包 java.sql 中的 Connection 类声明一个对象，然后使用 DriverManager 类调用它的静态方法 getConnection 创建这个连接。

```
Connection con = DriverManager.getConnection(url,sa,pwd);
```

例如，任务 6.1 中连接的是 SQL SERVEER 中的 pub 数据库，用户名为 sa，密码为 123。

```
String url="jdbc:odbc:pubs";
String user=" sa";
String password=" 123";
Connection con = DriverManager.getConnection(url,user,password)
```
或者
```
Connection con = DriverManager.getConnection("jdbc:odbc:pubs","sa","123")
```

4．创建语句对象

JDBC 有 3 个接口可以实现 SQL 语句和查询，分别是 Statement 接口、PreparedStatement 接口和 CallableStatement 接口。其中 CallableStatement 接口是 PreparedStatement 接口的子类。通过创建这些接口的实现对象，可以向数据库发送 SQL 语句。

（1）创建 Statement 对象。

Statement 对象用 Connection 的 createStatement 方法创建。Statement 对象用于将 SQL 语句发送到数据库中。其形式如下。

```
Statement st = conn.createStatement();
```

（2）创建 PreparedStatement 对象。

PreparedStatement 从 Statement 继承而来，PreparedStatement 对象用于执行带或不带 IN 参数的预编译 SQL 语句，可以使用占位符。创建一个 PreparedStatement 对象可以使用 Connection 对象的 prepareStatement()方法来实现的。如果 Connection 对象为 conn，例如：

```
PreparedStatement pstmt = con.prepareStatement("UPDATE table4 SET m = ? WHERE
x = ?");
```

pstmt 对象包含语句 "UPDATE table4 SET m = ? WHERE x = ?"，它已发送给 DBMS，并为执行做好了准备。

（3）创建 CallableStatement 对象。

CallableStatement 对象用 Connection 的 prepareCall 方法创建。用于调用数据库已存储调用过程。例如：

```
CallableStatement cStmt = conn.prepareCall("{call 存储过程名(参数表列)}");
```

5．执行 SQL 语句

一旦创建了 Statement 对象，就可以执行相关的 SQL 语句。Statement 接口提供了 3 种执行 SQL 语句的方法：executeQuery、executeUpdate 和 execute。继承了 Statement 接口中所有方法的 PreparedStatement 接口都有自己的 executeQuery、executeUpdate 和 execute 方法。executeQuery 方法用于产生单个结果集的语句。executeUpdate 方法用于执行 INSERT、UPDATE、DELETE 语句和 SQL DDL（数据定义语言）语句。execute 方法用于执行返回多个结果集、多个更新计数或二者组合的语句。

6．处理结果

使用 JDBC 执行查询，可以使用 Statement 对象的 executeQuery()方法，它接受一个 Java String，其中包含查询的文本。executeQuery()方法返回一个对象，它存储查询返回的行。该对象称为 JDBC 结果集(result set)，属于 java.sql.ResultSet 类。使用 ResultSet 对象从数据库读取行时，首先创建一个 ResultSet 对象，使用查询返回的结果填充它；然后使用 get 方法从 ResultSet 对象中读取列值，最后关闭 ResultSet 对象。因为 ResultSet 对象可以包含多行，所以 JDBC 提供了 next()方法，它允许遍历 ResultSet 对象存储的每一行。必须调用 next()方法访问 ResultSet 对象中的第一行，接下来每调用一次 next()就向下移动一行。当 ResultSet 对象中没有行可读取时，next()方法返回布尔型 false 值。

7．关闭数据库

完成所有对数据库的处理时，需要执行关闭操作。有 3 步必须考虑：先关闭 ResultSet 对象，再关闭 Statement 对象等，最后关闭 Connection 对象，即关闭数据库的连接。

6.2.3　JDBC 批处理

在对数据库进行批量操作时，应分析操作的前后相关性，如果属于大批量的操作，而且前续操作的结果不依赖于后继操作，则完全可以使用批处理来操作数据库。

1．使用批处理的优点

（1）多个 SQL 语句的执行，共用一个 Connection 资源。在对数据操作时，connection 资源是很宝贵的，数据库的维护从某种角度来说，就是减少数据库的连接数，减轻对数据的压力。创建一个数据连接远比使用数据库连接消耗资源。这也正是数据库连接池存在的意义。

（2）批处理在效率上总是比逐条处理有优势，要处理数据的记录条数越大，批处理的优势越明显。处理大批量相同业务逻辑的数据操作可以使用批处理达到简化、高效处理。

（3）在单一时间段，可以提高应用与数据库间的吞吐量，缩短数据响应时间。大部分应用都有数据操作，如果 SQL 语句操作不当，就会导致数据长时间处于不可用状态，或是使数据资源占用率升高，从而影响了应用，最终被数据拖垮。缩短数据响应时间，一来可以提高应用性能，二来减轻数据压力，对维持高系能的应用有极大的帮助。

2．JDBC 的批处理机制

若需要向数据库发送多条 SQL 语句时，为了提升执行效率，通常考虑采用 JDBC 的批处理机制。

（1）JDBC 的批处理机制涉及的几个方法。

◆　addBatch(String sql)：Statement 类的方法，多次调用这个方法可以将多条 SQL 语句添加到 Statement 对象的命令列表中。

◆　addBatch()：PreparedStatement 类的方法，多次调用这个方法可以将多条预编译的 SQL 语句添加到 PreparedStatement 对象的命令列表中。

◆　executeBatch()：把 Statement 对象或 PreparedStatement 对象命令列表中的所有 SQL 语句发送给数据库进行处理。

◆　clearBatch()：　清空当前 SQL 命令列表。

（2）使用 JDBC 进行批处理有两种形式。

① 使用 Statement.addBatch(sql)方式实现批处理。

优点：可以向数据库发送多条不同的 S Q L 语句。

缺点：

◆　SQL 语句没有预编译；

◆ 当向数据库发送多条语句相同，但仅参数不同的 SQL 语句时，需重复写上很多条 SQL 语句。

② 使用 PreparedStatement.addBatch()实现批处理。

优点：发送的是预编译后的 SQL 语句，执行效率高。

缺点：只能应用在 SQL 语句相同，但参数不同的批处理中。因此此种形式的批处理经常用于在同一个表中批量插入数据，或批量更新表的数据。

【例 6-5】采用 JDBC 批处理，根据主键批量更新 test_table 表。

使用 PreparedStatement.addBatch()实现批处理，这种解决方案就是 SQL 注入安全批处理。代码如下。

```
1   public void updateStateBactch(List elms) {
2       Connection conn = null;
3       PreparedStatement ps = null;
4       String sql = "update test_table set state=? where keyid = ?";
5       conn = DBTools.getConnection();
6       if(conn == null){
7           log.error("[update][state][error][conn is null]");
8           return;
9       }
10      try {
11       ps = conn.prepareStatement(sql);
12       for(int i = 0; i < elms.size(); i++) {
13       Element elm = (Element) elms.get(i);
14       if(null == elm || null == elm.getUserId()   || null == elm.getState())
{
15              continue;
16          }
17       ps.setInt(1, elm.getStatus());
18       ps.setString(2, elm.getProcID());
19       ps.addBatch();      //使用 PreparedStatement 批处理形式
20      }
21       ps.executeBatch();      //执行批处理
22      ps.clearBatch();
23      } catch (SQLException sqlEx) {
24        log.warn("[update][state][error][SQLException]");
25      } catch (Exception e) {
26        log.warn("[update][state][error][SQLException]");
27      } finally {
28        DBTools.close(conn, ps, null);
29      }
```

　　使用批处理虽然有好处，但凡事都有利弊。有时小的细节常常被忽略，但是这些细节对应用的性能有着至关重要的影响。

3．使用批处理需注意以下几点

　　（1）使用批处理没有进行分批分量处理。在使用批处理首先应该注意的是，批处理不是万能的，批处理都存在一次执行的最大吞吐量限制。正如上面所提到的，批处理在单一时间段提高了与数据间的吞吐量，但是任何数据都有最大吞吐量限制。当达到或超过最大吞吐量的峰值时，容易导致数据过载，更严重的会导致数据宕机。在例 6-5 代码中，如果输入参数 list 的长度很大，几万甚至几十万，会导致上面什么结果呢。当然是背道而驰，使应用的性能急剧下降，而且给数据带来风险。正确的做法应该是分批分量进行提交。处理执行 SQL 语句，批处理的分批大小与数据库的吞吐量以及硬件配置有很大关系，需要通过测试找到最佳的分批大小，一般为 200…2000。

　　优化例 6-5 中批处理代码，预设批量大小为 2000，每 2000 个查询语句为一批更新，将整批分批分量处理的代码如下。

```
1    try {
2        ps = conn.prepareStatement(sql);
3        for(int i = 0; i < elms.size(); i++) {
4        Element elm = (Element) elms.get(i);
5        if(null == elm || null == elm.getUserId() || null == elm.getState())
{
6        continue;
7            }
8        ps.setInt(1, elm.getStatus());
9        ps.setString(2, elm.getProcID());
10       ps.addBatch();    //用 PreparedStatement 的批量处理
11       if ((i != 0 && i % 2000 == 0) || i == elms.size() - 1) {
12       ps.executeBatch();    //执行批处理
13       ps.clearBatch();    //清除批处理
14       ps.close();
15       ps = conn.prepareStatement(sql);
16        }
17    }
18    } catch (SQLException sqlEx) {
19        log.warn("[update][state][error][SQLException]");
20        log.warn(sqlEx);
21    } catch (Exception e) {
22        log.warn("[update][state][error][SQLException]");
23         log.warn(e);
24    } finally {
```

```
25          DBTools.close(conn, ps, null);
26      }
```

（2）使用批处理时，没有关注数据测试异常情况，导致批处理失败。这里涉及数据异常的情况，在上述分批分量处理的代码中，还有一个小问题需要注意，当 ps.executeBatch()执行时，如果该批次的 SQL 语句中有一条 SQL 语句抛出异常，那么后续的批处理将不会有执行的机会，导致漏执行。因此在设计程序时，还要考虑更新数据库使用批处理上万条记录，可能产生异常的情况。优化上述代码，避免了 SQL 注入和内存不足的问题，其优化代码如下。

```
1   try {
2       ps = conn.prepareStatement(sql);
3       for(int i = 0; i < elms.size(); i++) {
4       try {
5        Element elm = (Element) elms.get(i);
6        if(null == elm || null == elm.getUserId() || null == elm.getState()) {
7           continue;
8        }
9         ps.setInt(1, elm.getStatus());
10        ps.setString(2, elm.getProcID());
11        ps.addBatch();
12        if ((i != 0 && i % 2000 == 0) || i == elms.size() - 1) {
13            ps.executeBatch();
14            ps.clearBatch();
15            ps.close();
16            ps = conn.prepareStatement(sql);
17        }
18  } catch (SQLException e) {
19        log.warn("[update][state][error][SQLException]");
20        log.warn(e);
21        ps.clearBatch();
```

6.2.4 Java 中的事务处理机制

事务处理是企业应用需要解决的最主要的问题之一。J2EE 通过 JTA 提供了完整的事务管理能力，包括多个事务性资源的管理能力。但是大部分应用都运行在单一的事务性资源之上（一个数据库），它们并不需要全局性的事务服务。本地事务服务已经足够(如 JDBC 事务管理)。

在 Java 中使用事务处理，首先要求数据库支持事务。例如，要使用 MySQL 的事务功能，就要求 MySQL 的表类型为 Innodb 才支持事务。否则，在 Java 程序中通过 connection 类的 commitc（）方法或 rollBack（）方法人工编码的方式对事务进行管理，但在数据库中根本不能生效。JavaBean 中使用如下 JDBC 方式进行事务处理。

```
1       public int delete(int sID) {
```

```
2        dbc = new DataBaseConnection();
3        Connection con = dbc.getConnection();
4        try {
5        con.setAutoCommit(false);// 更改 JDBC 事务的默认提交方式
6        dbc.executeUpdate("delete from xiao where ID=" + sID);
7        dbc.executeUpdate("delete from xiao_content where ID=" + sID);
8        dbc.executeUpdate("delete from xiao_affix where bylawid=" + sID);
9        con.commit();//提交 JDBC 事务
10       con.setAutoCommit(true);// 恢复 JDBC 事务的默认提交方式
11       dbc.close();
12       return 1;
13       }
14       catch (Exception exc) {
15       con.rollBack();//回滚 JDBC 事务
16       exc.printStackTrace();
17       dbc.close();
18       return -1;
19       }
20       }
```

在数据库操作中，一项事务是指由一条或多条对数据库更新的 SQL 语句组成的一个不可分割的工作单元。只有当事务中的所有操作都正常完成了，整个事务才能被提交到数据库，如果有一项操作没有完成，就必须撤销整个事务。

例如，在银行的转账事务中，假定张三从自己的账号上把 1000 元转到李四的账号上，相关的 SQL 语句如下。

```
update account set monery=monery-1000 where name='zhangsan'
update account set monery=monery+1000 where name='lisi'
```

这个两条语句必须作为一个完成的事务来处理。只有这两条语句都成功执行了，才能提交这个事务。如果有一条语句失败，则整个事务必须撤销。

connection 类中提供了 3 个控制事务的方法。

（1） setAutoCommit(Boolean autoCommit):设置是否自动提交事务。

（2） commit()：提交事务。

（3） rollback()：撤销事务。

在 JDBC API 中，默认的情况为自动提交事务，也就是说，每一条对数据库更新的 SQL 语句代表一项事务，操作成功后，系统自动调用 commit()来提交，否则调用 rollback()撤销事务。

在 JDBC API 中，可以通过调用 setAutoCommit(false) 来禁止自动提交事务，然后就可以把多条更新数据库的 SQL 语句作为一个事务，在所有操作完成之后，调用 commit()来进行整体提交。倘若其中一项 SQL 操作失败，就不会执行 commit()方法，而是产生相应的 sqlexception 异常对象，抛出异常与 catch 的异常类型匹配，转向 catch 语句块，调用 rollback()方法撤销事务。

技能训练

1. 打印购物发票：实现收银员的购物发票打印功能，如图 6.5 所示。
2. 退货：实现收银员的退货功能，如图 6.6 所示。

图 6.5 购物发票打印单

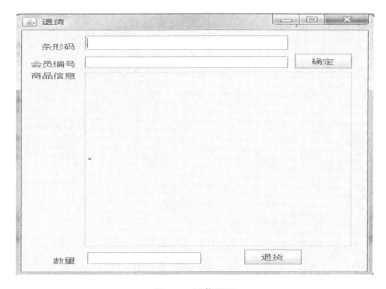

图 6.6 退货界面

课后作业

一、思考题

1. 什么是异常？什么时候发生异常？
2. catch 的作用是什么？throws 的作用是什么？
3. 简述 Java 的异常分类及作用。

4. 异常处理的关键字有哪些？分别有什么作用？

5. 什么是 JDBC？JDBCD 主要功能是什么？

6. 简述使用 JDBC 访问数据库的操作步骤。

7. 什么是 Java 批处理？它有什么优点？

8. 什么是 Java 事务处理？

二、上机操作题

1. 使用 try...catch 捕获项目二中任务 2.1、任务 2.2、任务 2.3 的输入数据。

2. 编写一个 ExceptionTest1 类，在 main 方法中使用 try、catch、finally。

（1）在 try 块中，编写被 0 除的代码。

（2）在 catch 块中，捕获被 0 除所产生的异常，并打印异常信息。

（3）在 finally 块中，打印一条语句。

3. 编写 ExceptionTest2 类，要求如下。

（1）定义两个方法：go()和 main()。

（2）在 go 方法中声明要抛出异常，在该方法体内，抛出一个 Exception 对象。

（3）在 main()方法中，调用 go 方法，使用 try...catch 捕获 go 方法中抛出的异常。

PART 7

项目七
项目打包与部署

- 最终目标：
    - ✧ 能熟练完成项目的打包与部署。
- 促成目标：
    - ✧ 熟悉 Eclipse 中 Java 项目的打包与部署。

任务描述

工程完成后，为了安装运行方便，将工程打成 jar 包，通过双击可以直接运行。

任务实施

1. 在 eclipse 中，选中要打包的工程，单击 File→export→Java→Runnable JAR file，如图 7.1 所示。

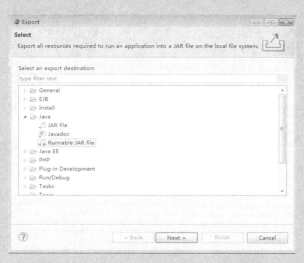

图 7.1　导出 jar 包 1

2. 单击 Next 按钮，选择默认的初始运行的 java 文件（本工程选择 login.java 登录首页为默认运行文件），选择 jar 包存放路径，如图 7.2 所示。

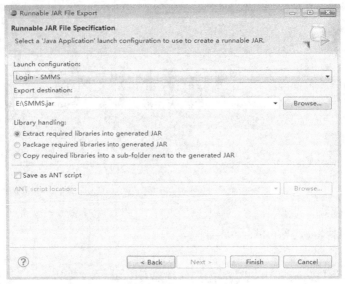

图 7.2　导出 jar 包 2

3. 双击运行 jar 文件，登录界面显示如图 7.3 所示。

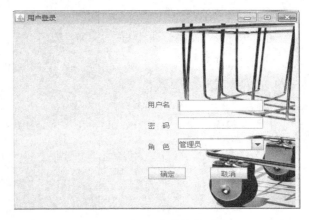

图 7.3　运行 jar 文件的登录界面